工业和信息化设计人才
推荐教程

U0157175

时装画手绘
表现技法实例教程

邱彬 洪今 米光一 著

洪芳耀 主编

电子工业出版社·
Publishing House of Electronics Industry
北京·BEIJING

图书在版编目（CIP）数据

时装画手绘表现技法实例教程 / 洪芳耀主编；邱彬，洪今，米光一著. -- 北京 ： 电子工业出版社，2020.9
工业和信息化设计人才推荐教程
ISBN 978-7-121-39104-0

Ⅰ．①时… Ⅱ．①洪… ②邱… ③洪… ④米… Ⅲ.①时装－绘画技法－教材 Ⅳ. ①TS941.28

中国版本图书馆CIP数据核字(2020)第099760号

责任编辑：田　蕾　　特约编辑：刘红涛
印　　刷：北京富诚彩色印刷有限公司
装　　订：北京富诚彩色印刷有限公司
出版发行：电子工业出版社
　　　　　北京市海淀区万寿路173信箱　邮编：100036
开　　本：889×1194　1/16　印张：10.75　字数：309.6千字
版　　次：2020年9月第1版
印　　次：2023年11月第7次印刷
定　　价：79.00元

凡所购买电子工业出版社图书有缺损问题，请向购买书店调换。若书店售缺，请与本社发行部联系，
联系及邮购电话：（010）88254888，88258888。
质量投诉请发邮件至zlts@phei.com.cn，盗版侵权举报请发邮件至dbqq@phei.com.cn。
本书咨询联系方式：（010）88254161～88254167转1897。

CONTENTS
目录

▶▶ Chapter

04　人体与着装

▶▶ Chapter

05　时装面料质感表现

▶▶ Chapter
06 服装款式单品表现

▶▶ Chapter
07 不同风格时装画的表现

读 者 服 务

读者在阅读本书的过程中如果遇到问题，可以关注"有艺"公众号，通过公众号与我们取得联系。此外，通过关注"有艺"公众号，您还可以获取更多的新书资讯、书单推荐、优惠活动等相关信息。

扫一扫关注"有艺"

资源下载方法：关注"有艺"公众号，在"有艺学堂"的"资源下载"中获取下载链接，如果遇到无法下载的情况，可以通过以下三种方式与我们取得联系。

1. 关注"有艺"公众号，通过"读者反馈"功能提交相关信息；

2. 请发邮件至 art@phei.com.cn，邮件标题命名方式：资源下载 + 书名；

3. 读者服务热线：（010）88254161~88254167 转 1897。

投稿、团购合作：请发邮件至 art@phei.com.cn。

教学资源说明

1. 随书赠送教学视频，读者可以扫码在线观看。

2. 随书赠送全书教学 PPT 课件、服装设计参赛信息和服装设计考研资料，关注有艺公众号下载。

扫 一 扫 观 看
在 线 教 学 视 频

01

时装画概述

时装画是以绘画作为基本手段，通过丰富的艺术处理方法来绘制服装造型和体现整体时尚氛围的一种艺术表现形式。时装画是设计师将构思、创意和设计理念进行展现和表达的关键，能够很好地体现设计师对时尚的理解。

时装画相较于其他绘画作品而言，虽在题材上有所限定——以表现时装和时尚氛围为主，但其本质还是绘画作品。所以，从绘画角度出发，时装画在客观上要注重对时装和人物的塑造，在主观上要能够引起观者的共鸣，让观者感受到时装画作品强大的魅力和吸引力。

1.1 ▸▸

时装画的分类

时装画是服装设计的重要一环，更是融合各种相关艺术门类的重要时尚作品。在服装设计中，时装画是设计师与设计相关工作者及客户沟通的重要渠道，是表达设计理念的重要手段。根据创作目的和用途的不同，时装画可以分为不同的种类，用于传达不同的设计理念。

时装画按照创作目的和用途的不同进一步细分为 4 类：时装画与商业时尚插画、服装效果图、服装款式图和服装设计草图。

1.1.1 时装画与商业时尚插画

时装画作为绘画艺术中的一种表现形式，具有很强的服装专业性，也更侧重于时尚美感的表达，它是设计师将人物画所具备的艺术性和时装所具备的流行性与时代审美相结合的产物。

时装画的表现形式多种多样，手法各异，所利用的材料和工具也不尽相同。时装画的种类也很多，用途也不尽相同，如：用于广告宣传推广类的商业时尚插画、用于服装设计的时装画等。

商业时尚插画是用于品牌宣传推广或其他商业用途的时装画。在国内，商业时尚插画属于新兴行业，但是在欧美，商业时尚插画却有着悠久的历史和完整的产业生态。

商业时尚插画小知识

在时尚摄影诞生之前，时尚插画是时尚业传播流行最主要的方式。具有代表性的时尚插画师如 Alphonse Maria Mucha（阿尔丰斯·穆夏）。

Carl Erickson / Eric 时装画作品

Alphonse Maria Mucha 时尚插画作品

1.1.2　服装效果图

　　服装效果图是设计师通过手工或计算机所绘制的着装图，它能很准确、清晰地体现设计师的设计意图和着装效果。

　　服装效果图兼具时装画的特点，又有很强的艺术性和实用性，在展现服装风格的同时也能准确生动地表现服装的造型、结构、面料质地、色彩以及款式搭配。

　　在传统的服装设计流程中，服装效果图是服装设计领域不可或缺的重要组成部分，它能完整、准确地传达设计师的设计思路，让公司管理人员、制版师、工艺师以及市场销售人员更快、更准确地领悟设计师的设计意图。为了最大限度地缩短设计流程，现在很多公司和设计师都已不再专门绘制效果图，取而代之的是在绘制完设计草图后直接绘制服装款式图。但即便如此，还是有一些设计师品牌继续坚持在设计过程中使用服装效果图来表达完整的设计理念。现在，服装效果图更多的是被运用到产品宣传册中，以便更好地起到宣传与推广的作用。

1.1.3 服装款式图

服装款式图也被称为服装平面图/结构图，是服装效果图的补充说明。它能清晰地反映出服装的比例、结构及工艺细节，是服装制版师、工艺师制作服装纸样和制定生产工艺的重要依据，也是指导成衣设计生产的重要依据。因此，在绘制服装款式图时必须注重它的准确性和规范性，而非艺术性。在公司设计服装过程中和工业生产中，服装款式图常用于服装工艺单，旁边辅以详细的文字说明。

夹克款式图（正/背面）

1.1.4 服装设计草图

服装设计草图也被称为服装速写，它能迅速捕捉和记录服装设计师脑海中闪现的灵感，是画时装画的基本功，也经常用于时尚插画的绘制。设计草图不像服装效果图一样要求画面的完整性，只要能运用简练流畅的笔法针对性地表现出相应设计点即可。绘制服装设计草图用时相对较少，所以在绘制服装效果图或款式图之前，设计师都会大量地绘制设计草图，然后再进行相应的筛选和整理，以便让自己的设计以系列的形式展现，并且设计风格整体统一。

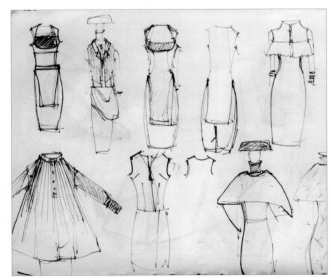

1.2 ▶▶
时装画与时装设计

时装画是将设计师脑海中的设计意图具象化的关键步骤，是时装设计中一个很小却又非常重要的部分。掌握了时装画绘制技能并不等于真正学会了时装设计，只有掌握更多和人体及服装相关的专业知识和技能，才能画好时装画，更好地进行时装设计。

1.2.1 时装画的特点

作为绘画艺术的一种表现形式，时装画是兼具艺术性与技术性的特殊形式的画种，它既有其独特性，又与传统的人物画、新兴的商业插画有着密不可分的联系。虽然在时装设计流程中，时装画绘制只是其中一个很小的环节，但不可或缺，它在整个设计流程中起着承上启下的作用，是设计师与其他设计相关工作人员和消费者沟通的桥梁，也能有力地保证后续工作的顺利展开和进行。

好的时装画，一般都具备以下特点。

· 时尚性

时装画是时尚的一部分，与时尚紧密相关，它在反映人们当下着装品位的同时，也反映了当前社会的政治、经济、文化状态，同时也是现代审美的最好见证。

· 艺术性

时装画作为绘画艺术的一种表现形式，具有天然的艺术性。作为设计师，在运用时装画进行设计服务时，要能够不断地进行尝试和探索，以便形成一套属于自己的设计语言与绘画风格，以更好地呈现时装画的艺术性。

· 应用性

时装画作为时尚的一部分，也更多地用于时尚产业。需要注意的是，无论是何种风格的时装画，都需要设计师对服装有足够的了解，以便制作出没有结构性冲突、可实现的服装，更好地为时尚产业和商业服务。

1.2.2 时装画与时装设计的关系

时装画是时装设计流程中一个重要的组成部分，起着承上启下的作用。作为一个设计师，要想真正地做好时装设计，就必须对整个时装设计流程有着深入的了解和认识。虽然整个时装设计流程并不需要设计师一一亲力亲为，但为了确保作品最终完美地呈现和实现其商业价值，设计师仍需具备较高的统筹协调能力。

时装设计流程图

1. 确定主题	灵感与调研（灵感来源＋消费者调研）；时装潮流分析（获取流行色、流行面料，提取流行廓形、细节）
2. 创建主题灵感板	信息筛选与分析；统一灵感板风格；制作灵感板（确定版面尺寸、主题与分析文字、色彩面料、灵感图片等）
3. 创作系列设计草图	创建人体模板；确定系列设计的人物构图模式；绘制效果图草稿
4. 系列时装设计拓展	完善时装品类，完善整个产品线的设计（服装风格、廓形、面料、色彩、细节、配饰、搭配）
5. 定稿：绘制服装效果图和平面款式图	绘制服装效果图：注重着装效果、整体搭配效果、整体风格； 绘制平面款式图：注重正确结构的表现、具体细节的交代
6. 服装制版和工艺	服装制版：将设计稿制作成符合工业生产的版型，解决结构和技术上的难题；确定工艺：制作服装生产工艺单
7. 样衣制作	三次样衣制作：两次白坯样制作，以发现和调整服装版型问题；一次面料制作，以检验成衣效果
8. 生产和销售	小批量成衣制作；举行时装发布会，进行宣传推广；大批量成衣生产、质检；开订货会及服装终端销售

1.3 ▸▸
时装画的快慢速表现

在短时间内将自己的设计意图快速地呈现并准确地传达出来，是每个设计师都应具备的职业素养。作为时装画绘制的常用工具，马克笔和水彩都可以进行快速或慢速的表现，但是在平时训练时不应仅局限于此，而是应该借鉴更多的表现形式和手段，去做更多的尝试，以期得到更好的效果。

1.3.1 时装画的快速表现

灵感的捕捉和创意的延展都需要设计师在极短的时间内完成大量的工作，因此时装画的快速表现在日常工作中就显得尤为重要。

下面介绍两种时装画的快速表现方式，分别为：写意的表现方式和多元化材质相结合的表现方式。

· 写意的表现方式

提起写意，人们想到更多的是它是国画的一种画法：用笔不苛求工细，注重神态的表现和抒发作者内心的情感。

写意与写实相对，写意是艺术家忽略艺术形象的外在逼真性，强调其内在精神实质表现的艺术创作倾向和手法。写意的表现方式常给人一种寥寥几笔绘制的时装画非常简单的错觉。需要注意的是，寥寥几笔虽看似简单，但需要设计师有着极为坚实的绘画基础，如果没有深厚的功力，设计师很难绘制出笔触精炼、高度概括的写意时装画。

想要绘制出高度完美的写意时装画，设计师必须保证每一根线条、每一种颜色、每一笔、每一画都极其精准，只有这样，整个画面才会具备相应的凝聚力，才能给观者留有更多的想象空间。

写意

· 多元化材质相结合的表现方式

除了借助写意的表现方式来快速实现设计创意，设计师还可以采用多元化材质相结合的表现方式来展现创意。

多元化材质相结合的表现方式包括使用模板、拼贴、旧物改造等，无论使用哪一种，都需要设计师在尽量缩短时间的前提下更好地体现设计效果。

总之，在进行时装设计和时装画创作时，设计师不应只依赖画笔，很多时候，许多非常规的手段在帮助设计师快速实现创意的同时，也能给予设计师新的启发和思考，并给画面带来意想不到的效果。

多元化材质相结合——拼贴

1.3.2 时装画的慢速表现

相较于时装画的快速表现，时装画慢速表现作品的画面完成度和完整度更高，同时也需要设计师和创作者花费更多的时间和精力。显然这种慢节奏、追求完美的表现手法已渐渐不再适应现代职场快节奏的办公需求。尽管如此，时装画慢速表现作品也还是经常会在服装公司每年两季的订货会上发挥重要作用，很多时候还会大放异彩。

需要注意的是，时装画的慢速表现对于手绘能力的提高有很大的帮助，所以平时还是需要勤加练习。

多元化材质相结合——使用模版

02

时装画常用工具
及基本表现技法

时装画创作离不开工具的选择，以及技法的展现。要想将不同工具的不同特性更充分地发挥出来，就必须了解所使用工具的材质特点、基本表现技法及其他辅助手段。

本章主要对马克笔、水彩、彩铅这三种常用工具进行细致的讲解，这三种工具虽然表现力不同，但都同属透明性材质，因此在表现技法上有着相类的规律。

2.1 ▶▶

马克笔及其基本表现技法

马克笔作为快速表现绘画最常用的工具之一，具有色彩亮丽、着色便捷、用笔爽快、笔触明显以及携带方便等特点。在画面上，它的每一笔痕迹均清晰地跃然纸上，通过笔触间的并置与叠加更能产生丰富而生动的形色效果，具有其他绘画工具不可替代的优势，这些特点和优势使其成为备受设计师青睐的表现工具。但是，看似简单的马克笔也有很多"学问"，所以，只有充分了解马克笔，熟练掌握其特性，才能找到其使用规律和最佳的表现方式，才能创作出多变的艺术效果。

2.1.1 认识马克笔及其他辅助工具

1. 马克笔

马克笔是展现笔触的画材，它在颜色、笔头的形状、平涂的形状、面积大小方面有不同的表现方法。需要注意的是，马克笔速干、不易晕染、不易反复修改的特性无法给创作者太多的犹豫和思考的时间，因此创作者需要提前构思好并准备好一切，做到胸有成竹之后再动笔绘制。

Copic 马克笔套装

· 马克笔墨水

马克笔的墨水分为油性、酒精性和水性三种。

· 油性： 快干、耐水、色牢度好（耐光性相当好），并且色彩饱和度高，颜色多次叠加不会伤纸。
· 酒精性： 挥发性强，可在任何光滑的表面上书写，性价比较高，适合初学者使用。
· 水性： 颜色透明度高，色泽亮丽，水融性好。部分水性马克笔可以用软头笔蘸水进行水溶表现，可以绘制出类似水彩的效果。注意：水性马克笔多次叠加颜色后颜色会变灰，而且容易损伤纸面。

· 马克笔笔尖

马克笔通常为双头笔，即笔杆的两端都有笔头。马克笔的笔尖一般分为发泡型和纤维型两种材质。

· 发泡型笔尖： 笔头较宽，出色饱满，具有一定的弹性，适合表现柔和的质感。
· 纤维型笔尖： 笔尖较为硬朗，出色均匀，绘制的笔触干脆，笔锋比较锐利，适合塑造比较硬朗的造型。

如果按照笔尖硬度来分，马克笔分为硬头马克笔和软头马克笔。硬头马克笔一端为硬方头，另一端为硬尖头；软头马克笔一端为硬方头，另一端为软头。

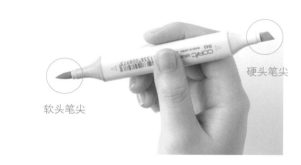

马克笔双头笔端图示

硬头笔尖
软头笔尖

· 软头笔尖： 笔触变化多且更灵活，笔尖收锋更好，色彩过渡自然。

· 硬方头笔尖： 一般用于大面积铺色，通过灵活地转动笔尖，能画出粗细、宽窄不同的线条或色块。

· 硬尖头笔尖： 笔触比较均匀，用于绘制细节。

右图所示为以马克笔的硬方头和软头笔尖为例进行的简单讲解。

知名马克笔品牌推荐					
品牌	产地	笔尖材质	墨水类型	特点	推荐指数
Copic	日本	纤维型	酒精	混色效果极佳，笔尖触感极好，色彩极为丰富（二代全套 358 色）	推荐 虽然价格高,但可重复利用(墨水可填充、笔芯可替换)
Touch	韩国	纤维型	酒精	颜色亮丽，混色好，过渡柔和，笔尖触感好	推荐 性价比相对较高
Finecolour （ 法卡勒）	中国	纤维型	酒精	颜色鲜艳，融色效果好	推荐 性价比高，适合初学者
Touch6/7	中国	纤维型	油性	颜色种类多且雅致	价格便宜，适合初学者
Rhinos （ 犀牛）	美国	发泡型	油性	色彩饱满，颜色柔和	性价比相对较高
IMark	德国	纤维型	酒精性	笔触硬朗，灰色系丰富	
STA （ 斯塔）	中国	纤维型	水性	颜色较为清透，笔尖有一定的弹性，触感好	

2. 其他辅助工具

为了更好地绘制出理想的时装画，其他辅助工具也是必不可少的。

· 纸张：马克笔绘画专用纸

马克笔墨水具有渗透力强的特点，当在普通绘图纸上绘制时，墨水会轻易渗透到纸背甚至下层纸张上。为避免这种现象所产生的麻烦，在绘制时，最好使用马克笔绘画专用纸。

马克笔绘画专用纸背面有一层特制的防护涂层，能够防止墨水渗透到纸张内部，并且较薄的纸质可以减少纸张吸墨量，其顺滑的纸张表面也保证了线条的顺畅。

注意：首先，马克笔绘画专用纸有正反面之分，初学者非常容易弄错；其次，由于马克笔着色后不易修改，在用马克笔着色前，尽量使用扫描仪或者硫酸纸备份线稿，一旦画错，只需重新复制，即可再次进行着色。

康颂 XL 马克笔专用本

可塑橡皮、橡皮

· 铅笔、橡皮

铅笔和橡皮多用于初始起稿阶段。由于马克笔颜色透明、覆盖性弱，并且铅笔铅芯容易跑色，为确保画面干净整洁，在起稿阶段，最好及时处理和擦除不必要的线条和污渍，因此建议搭配使用自动铅笔和可塑橡皮。

无印良品 MUJI 低重心自动笔

· 勾线笔

根据笔尖材质来划分，勾线笔主要分为两种：笔触均匀的针管笔和有笔触变化的美文字笔。针管笔笔头一般为尼龙硬头材料，出水流畅且均匀。美文字笔笔头有硬笔笔头和类似于书法笔的软笔笔头两种，笔尖稍有弹性，特殊设计的笔尖可以展现其笔锋的变化。

Copic 防水针管笔(勾线笔)

樱花秀丽笔(小楷、中楷、大楷)

这些笔的笔尖材质和型号各异，通过对用笔力度和笔尖方向的控制，能绘制出灵活多变的线条。

· 纤维笔

纤维笔一般为水性笔，配备高品质纤维笔头，不同的握笔姿势可以勾勒出不同粗细的线条，颜色较为绚丽，可以进行小面积的铺色和染色。在用马克笔绘制时装画的过程中，一般用于勾线和面部小细节的绘制。

注意：纤维笔的笔头较硬，在使用时用笔力度要轻，否则很容易损伤纸张；同时，纤维笔有着极易晕染的水性特性，所以在绘制时不要一直往复涂抹，否则很容易导致纸张的损伤并污染画面。

· 高光笔

高光笔是一种覆盖力很强的油漆笔，不透明的白色颜料能很好地覆盖底色并在任意绘图表面绘图。在用马克笔绘画时，可用高光笔进行小面积的高光点缀，也可对出错的线条进行相应的涂抹修正。

· 高光白色墨水

高光白色墨水是一种不透明的白色颜料，有着油漆般的覆盖性，流动性好，搭配马克笔绘画用于点缀高光，或者在绘制漫画时用于修正线条。

相较于高光笔，高光白色墨水的绘画表现可能性更多一些，它不仅可以用较细的笔触进行画面细节和小装饰的绘制，还能够直接使用水彩画笔、尼龙纤维画笔蘸取涂色。除了以上作用，也适用于高光细节的刻画。

线幅 0.03/0.05/0.1/0.3/0.5/0.8/1.0mm

———————— 0.03
———————— 0.05
———————— 0.1
———————— 0.3
———————— 0.5
———————— 0.8
———————— 1.0

不同型号勾线笔所绘线幅粗细

慕娜美 monami 纤维笔（水性笔）

樱花高光笔

高光白色墨水

1. 马克笔的基本表现技法

使用马克笔绘图相对快捷、高效，但因墨水和笔尖材质的特性，也有着很多较为明显的局限性，比如：笔触变化较少、混色效果较弱、不利于修改等。想要表现出理想的画面效果，必须在平常训练时多掌握其基本的表现技法。

马克笔的基本表现技法主要是对笔尖方向的控制，以及运笔、笔触的排列组合和色彩的叠加处理。在用笔尖绘图时，不同的运笔方式搭配不同的用笔力度和速度，都能得到不同的笔触，而且笔触也更加灵活多变。

马克笔的运笔方式：扫（扫笔）、压（按压）、顿（停顿）、回（回笔）、提（提笔）。

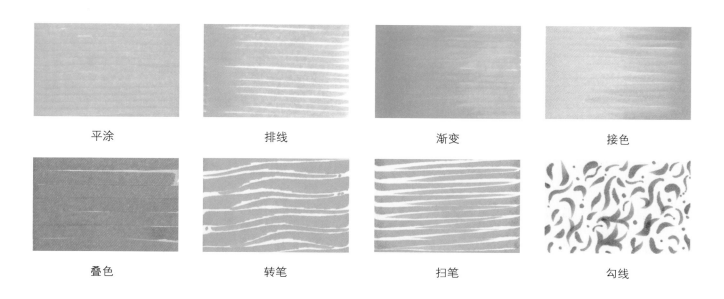

平涂	排线	渐变	接色
叠色	转笔	扫笔	勾线

2. 图案与肌理的表现

马克笔常用来表现面料图案和简单的肌理，并且具有一定的优势，如条纹、格纹、波点等；但马克笔在表现细腻的肌理和面料质感时具有一定的局限性，如刺绣、天鹅绒等。马克笔的两种笔头各有其特点，在进行图案与肌理表现时，硬方头很容易绘制出宽度均等的纹理，如果利用好笔尖上的几个斜面，用手控制好笔尖的转动，就可以形成丰富的线条变化。马克笔的软头也能快速地绘制出各种不同的点状笔触，以及颜色过渡和晕染。很多时候，为了更好地用马克笔来绘制图案和肌理，需要与其他辅助工具混合使用，如勾线笔、针管笔等。

▪ 条绒面料

 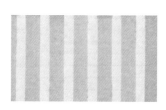  

1）用浅褐色马克笔的硬方头平铺一层底色。	2）用棕褐色马克笔的硬方头绘制粗细均等、距离均等的竖条纹。	3）用深褐色马克笔的硬方头在竖条纹右边绘制粗细、距离均等的细条纹投影。	4）在棕褐色和深褐色竖条纹交界处用高光笔绘制出条绒的受光面，表现出条绒的体积感。

▪ 格纹面料

 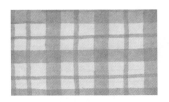 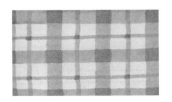 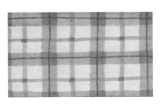

1）用浅褐色马克笔的硬方头平铺一层底色。

2）用棕褐色马克笔的硬方头绘制出粗细不同的纵横条纹，条纹的间距要基本相同。

3）用棕褐色马克笔对纵横条纹交会处的颜色进行相应的强调。

4）用深褐色勾线笔在纵横粗条纹中间绘制深色细线条，增加格纹的变化。

▪ 波点面料

 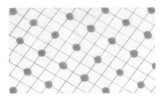 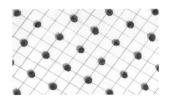 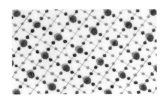

1）用浅灰色防水针管笔绘制斜向交错的方格。

2）用浅黄色马克笔的软头绘制出大小、距离均等的黄色波点。

3）用紫色马克笔的软头在黄色波点上绘制出大小、距离均等的紫色波点，注意两种波点稍有错位。

4）分别用浅黄色、紫色马克笔的软头绘制出有规律的细小波点，使画面效果更加丰富。

▪ 花卉图案

1）用马克笔的硬方头平铺一层底色。

2）用马克笔的软头勾勒出叶片图案的轮廓，注意大小和疏密排列关系。

3）用针管笔或纤维笔勾勒出叶子的叶脉细节。

4）在画面中加入细小的肌理以丰富画面效果。

2.2 ▶▶ 水彩工具及其基本表现技法

水彩具有透明度高，色泽鲜艳、亮丽的特点。使用水彩绘画，水是主要的调和媒介，通过对水分的控制，能够形成干、湿、浓、淡等不同的变化，产生很多意想不到的效果，增加画面的艺术性。
水彩的表现效果受水彩工具和表现技法的影响很大，不同的工具（颜料、画笔、纸张）会产生不同的效果，不同的表现技法（运笔方式、性比速度、水量控制）以及媒介的使用，都会影响整个画面的最终效果。

2.2.1 认识水彩及其他辅助工具

1. 水彩

画水彩画的工具种类繁多，但平时常用的工具比较简单。所以，在画水彩画初期应对各种工具进行尝试，以找到适合自己的理想工具。

▪ 水彩颜料

水彩颜料具有透明度高、色泽亮丽且易于调和的特性，这种特性使得水彩时装画能很好地展现透明、清晰的色调，能够形成丰富的画面效果。水彩颜料遮盖力较弱，色彩混合后会产生不同程度的沉淀、脏污，所以在调色时颜色越少越好，尽量控制在 3~4 种以内，以保证色彩的纯度。

常见的三种水彩颜料：块状的固体颜料、膏状的管装颜料、液态的分装颜料。
- **块状的固体颜料：** 易于携带，便于保存。
- **膏状的管装颜料：** 蘸取方便，色彩混合较其他种类好。
- **液态的分装颜料：** 色彩清澈纯粹，颜色种类较少。

块状的固体颜料　　　　液态的分装颜料

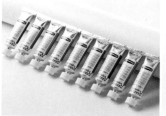

膏状的管装颜料

▪ 水彩纸

水彩纸是专门用来画水彩画的纸，它的特性是吸水性比一般纸强，较厚，纸面的纤维也较强韧，不易因重复涂抹而破裂、起球。水彩纸有很多种，便宜的吸水性较弱，昂贵的能长久保存色泽。所以，如果想将水彩的特性发挥到最大，建议在画水彩时装画时尽量使用专门的水彩纸。

按纸张材质划分，水彩纸分为木浆、棉浆和混合水彩纸三种。
- **木浆水彩纸：** 吸水性比较弱，适合使用干画法。
- **棉浆水彩纸：** 吸水性强，即使大量用水纸张也不易起皱，适合画细致的主题。

按表面纹理划分，水彩纸分为粗纹、中粗纹、细纹三种。其中，细纹较适合画细节较多的精密水彩插画，所以在绘制时装画时主推细纹，它能更好地表现时装画中的细节。

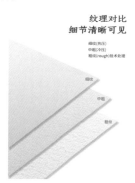

水彩画专用水彩纸

▪ 水彩笔

了解水彩笔必须知道三个名词，分别是：韧性、聚锋性、含水量。
- **韧性：** 也可理解为"弹性"，指画笔在变形时恢复原状的能力（例如，将画笔笔端按压下去，有韧性的画笔会回弹九成，没有韧性的画笔笔端比较软，不会回弹）。
- **聚锋性：** 在画笔变干的时候，毛是散开的。当画笔蘸水以后，笔端的毛会聚集成一个尖头（类似排笔的画笔除外），这就是画笔的聚锋性。聚锋性越好，笔尖越尖，越适合勾线。

温莎·牛顿水彩画笔套装

· **含水量：** 含水量也可以称为储水能力，简单地说，就是画笔蘸水后储存水的能力。一般来讲，笔肚较大的画笔储水能力强，画的时候不需要总是去蘸颜料。当然，不是说储水能力越强越好，在画细节的时候，储水能力强的画笔反而会误事。

一支笔最关键的地方在于它的笔毛。按笔毛的材质分，可以分为**人工纤维毛**和**天然动物毛**。

（1）人工纤维毛

特点：便宜，韧性好，含水量差。

一般不推荐购买，但如果用来蘸留白液可以入手。蘸留白液很费笔，这种便宜的画笔是很适合的。

（2）天然动物毛

按毛质来划分又可分为：貂毛、松鼠毛、羊毛、黄鼠狼毛。

· **貂毛**

特点：软，储水能力非常强。

貂毛水彩笔属于顶级画笔，因为它的韧性（弹性）、含水量等指标达到了画水彩画的最佳平衡点，它既可以大面积铺色，又可以绘制细节，因此也被誉为最适合画水彩画的画笔。

缺点：贵，比松鼠毛还贵。

· **松鼠毛**

特点：软，储水能力超强。

松鼠毛画笔具有超强储水能力，也是画水彩时装画的最佳选择。著名的红胖子就属于松鼠毛画笔，适合画背景、风景。

缺点：贵。

· **羊毛**

特点：软，韧性差，储水量不错。

平时接触最多的羊毛类画笔就是画国画用的羊毫笔。由于它非常适合晕染，所以在画水彩时装画时适合大面积铺色。

· **黄鼠狼毛**

黄鼠狼毛俗称"狼毫"，狼毫笔吸水性不好，但是笔尖柔韧，适合刻画细节和勾线，平时用来写毛笔字比较多。

注意：貂毛和松鼠毛这两种笔的价格较高，初学者可以使用传统的国画笔（羊毫、狼毫）来代替。

（3）常用水彩笔推荐

· **秋宏斋**

①若隐：兼毫，适合勾线和绘制细节。

②松枝：聚锋效果不错，适合画细节；吸水性不错，蘸了颜料后画很久才干；韧性偏软，不易回弹。

③蒲公英：聚锋性好，适合勾线；笔肚体积小，吸水性不好；韧性不错，按压一下会回弹到原位。

· **中白云**

中白云是画国画常用的羊毫笔，非常适合晕染和画背景，价格不高，非常适合入手。

特点：聚锋效果不错；韧性差，非常软；吸水性不错。

· **达·芬奇 428 系列**

产地：德国；型号：428；材质：貂毛；聚锋效果非常好，适合染色和绘制细节。

· **阿尔瓦罗（红胖子）系列**

产地：澳大利亚；型号：NEEF117，00；材质：松鼠毛；适合染色。

2. 其他辅助工具

为了更好地用水彩绘制出理想的时装画，其他辅助工具也是必不可少的。

对于初学者来说，水彩是很难驾驭的，尤其是在刻画细节时，软笔尖辅以水量的精准控制着实让人头疼，所以在这种情况下可以借用针管笔、纤维笔、彩铅、马克笔等辅助工具进行细节的绘制。同时，为了增加画面肌理的变化，可以使用一些媒介，如高光笔、留白液、阿拉伯树胶等对整体效果进行提升。

圆头ROUND
适合处理细节，勾勒线条及晕染

索笔RIGGERS
出锋很细长的圆头笔传统用于画船的绳索

榛形锋FILBERT
创作边缘柔和的宽笔触，以及填充一块区域

斜形锋ANGLED
适合细节的刻画，按压可创作曲线

一举笔ONE STROKE
平头，可一笔覆盖一块区域，用于晕染，可画方形笔触

扇形FAN
用于混色、柔化边缘、制造肌理效果

不同笔锋的不同用途

达·芬奇貂毛水彩画笔

采用西伯利亚红貂尾巴中段的毛手工制作而成，固定在木制手柄上，保存了坚韧的笔锋。

松鼠毛画笔

笔毛较其他毛柔软，笔锋长，也兼具弹性，储水量大，上色均匀，笔痕灵活，使得色彩饱和鲜艳，适合大面积铺色

PEN HAIR IS SOFT
ELASTICITY, LARGE AMOUNT OF WATER

秋宏斋：松枝 蒲公英 若隐

中白云

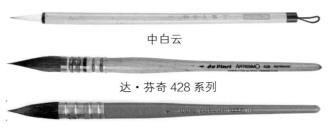

达·芬奇 428 系列

阿尔瓦罗（红胖子）系列

2.2.2 基本表现技法及图案与肌理的表现

1. 水彩的基本表现技法

与马克笔和彩铅相比，水彩的基本表现技法更丰富，但归纳总结起来可以分为以下三个方面。
①对笔触的控制：通过对笔尖形状、弹性等特性的了解，改变运笔方式和笔锋角度，以此来控制笔触。
②对水量的控制：了解笔头的材质，通过对笔头水量的控制，来改变颜色的深浅、笔触的干湿变化。
③制作肌理的方式：通过借助媒介和各种材料，让画面产生特殊的肌理和质感。

平涂

双色渐变

覆膜法

滴溅法

扫笔

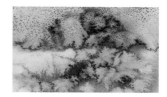
撒盐法

湿混色

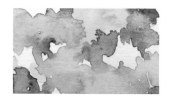
干混色

下面介绍各种技法及具体步骤。

- **撒盐法**

1）用水打湿所需区域，点色晕开。

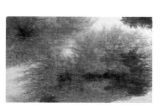
2）在纸面微干后点几笔重色。

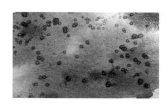
3）撒细盐，注意疏密关系。

4）晾干，此时画纸上会形成小粒雪花状肌理。

- **覆膜法**

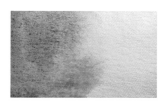
1）从左至右平涂单色，做出过渡效果。

2）添加另一种颜色做出双色渐变效果。

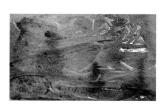
3）用保鲜膜覆盖，注意不要将其铺平。

4）待纸面干透后揭开保鲜膜，即形成肌理。

2. 图案与肌理的表现

　　相较于马克笔和彩铅，水彩在表现面料图案、面料质感和细微纹理方面具有天然的优势。通过颜料与不同比例水的调配，并配合晕染、洗、叠色、遮盖等技法，能产生丰富多变的图案效果。通过媒介和各种材料的搭配使用，可以让画面产生特殊的肌理和质感，这能在很大程度上反映出用水彩进行图案与肌理表现的高度灵活性。

· 皮草毛发

1）用画笔侧锋大面积铺出底色。

2）立起画笔，用笔尖以单一的颜色刷出毛的走向和体积。

3）加重颜色。

4）提亮。

· 针织面料

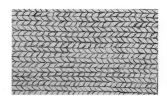 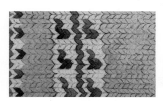 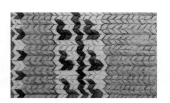 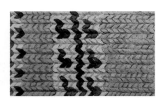

1）起线稿。

2）分区域刷底色。

3）在底色的基础上增加层次，画出暗部。

4）在白色区域进行勾线处理。

· 羽绒褶皱

1）起线稿，刷底色。

2）在底色未干时，加一些重色。

3）加强层次，压重色。

4）提高光。

· 彩色小羽毛

  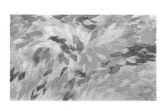 

1）用水打湿纸面，在纸面未干时用混色法铺底色。

2）确定毛片颜色区域与走向。

3）画出白色毛片。

4）压重色。

2.3 ▶▶

彩铅工具及其基本表现技法

在绘画中，工具不同，其特性就不同；要想充分发挥不同工具的相应特性，就需要对其进行深入了解，掌握相应的表现技法和辅助手段。作为时装画绘图的常用工具，彩铅色彩丰富、叠色自然、易于驾驭，是初学时装画和快速表现时装画的最佳工具之一，也是初学者较容易掌握的一种工具。

2.3.1 认识彩铅及其他辅助工具

1. 彩铅

彩色铅笔（简称"彩铅"）与素描铅笔类似，因此在用彩铅绘画时完全可以借鉴素描的表现方法和相应技巧。彩铅和其他工具一样，都有优缺点。彩铅的优点在于其表现层次丰富，笔触细腻，叠色和混色效果生动、自然；缺点在于其色泽相较于水彩和水粉略显暗淡，色彩浓郁度较差。

· 普通彩铅

普通彩铅色彩极其丰富，绘制出的颜色相对较浅，可通过叠色来得到相应的画面效果；笔芯较硬，将笔芯削尖后能够刻画细小的局部细节；普通彩铅的颜色易于用橡皮擦除，但其硬脆的材质使得笔尖易于折断，同时也比较容易损伤纸面。

· 水溶性彩铅

水溶性彩铅与普通彩铅相比色彩较少，笔芯软硬度适中，可以像普通彩铅一样直接使用；水溶性彩铅着色度强，笔芯易溶于水，水溶后色彩更加艳丽，可以绘制出类似水彩画的效果。

· 油性彩铅

油性彩铅色彩鲜艳、浓厚，笔芯有蜡质感，能表现出特殊的肌理效果，但油性彩铅不易用橡皮修改，也不适合多层叠色。

· 纸张

彩铅用纸较水彩与马克笔用纸而言，没有特殊要求，只需选用质地紧密而强韧的绘图纸即可，但太滑、太粗糙的纸张都不适合画彩铅画。纸张太滑，不易上色，纸张太粗糙，纸面易起毛且不易绘制细节，所以这两类纸需尽量避免选择和使用。

2. 其他辅助工具

推荐辅助工具：毛笔、彩色自动铅笔（pilot）、可塑橡皮。
· 毛笔：蘸水进行相应的涂抹绘制。
· 彩色自动铅笔：主要用于起稿。
· 可塑橡皮：在不损伤纸面的情况下，用于擦干净纸面。

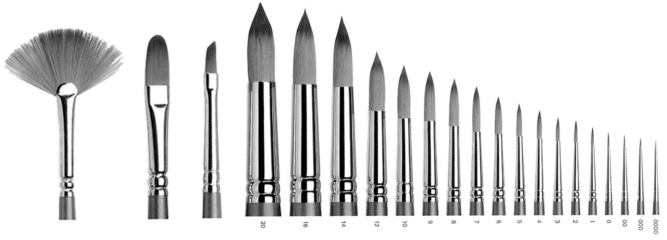

温莎牛顿水彩画笔套装

1. 彩铅的基本表现技法

彩铅与素描铅笔类似，所以在绘画时，可借鉴素描技法，运用平涂、皱擦、线描排线等手法进行着色。通过掌握彩铅笔尖的不同角度，以及用笔力度和运笔方式的变化，可以给画面带来更为生动的效果。

单向平涂　　　　　　渐变　　　　　　双色过渡　　　　　　叠色

垂直交叉平涂　　　　多向铺色　　　　　实心重涂　　　　　水溶

2. 图案与肌理的表现

· 千鸟格

1）用尺子标出方格，在方格中确定千鸟格各尺寸点。

2）等距、等大绘制出千鸟格图案。

3）按规律先给千鸟格涂上浅蓝色，再给其余位置涂上深蓝色。

· 格纹

1）用尺子标出等距直线段和等距点，用浅蓝色铺底色。

2）将所标等距点进行横向错位连接，并给小方格上色。

3）按规律给所有小方格上色，先涂深色再调整浅色。

· 条纹

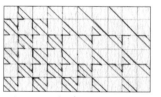
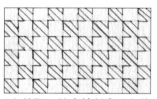

1）先均匀地涂一层浅浅的底色，然后间隔画线并涂色。

2）按图形规律画出所有线条，并进行上色。

3）画出重色线条，并对其进行加重处理。

· 花卉图案

1）先均匀地涂一层浅底色并画出一朵花。

2）勾出花卉图案并涂深色。

3）将剩余图案画出并涂色。

03 时装画人体基础

时装画是服装设计师对时尚的理解，是设计师构思、创意、主体、意念的表达。时装画表现的是人的着装状态，人体和时装缺一不可，人体是时装画学习最为重要的基础，也是整个画面表现的关键和难点。

人体是服装的支撑和载体，不论要表现何种风格、何种款式的服装，或者用何种手段来表达创作者的设计意图，创作者都要以准确、协调的人体为基础，再进行适当的夸张与变形，以此来更好地展示和烘托服装。但是，即使在创意时装画中，变形与夸张也是在遵循人体结构的基础上进行的艺术加工，不准确的人体结构会严重降低时装画的品质，影响创作者的创意表达。

3.1 时装画人体比例

时装画常用人体比例与现实中的人体基本比例相比，进行了美化的理想。一般情况下，正常的人体基本比例为7头身，而在时装画中，为了更好地突出服装，满足视觉上的需求，8头身或9头身比例成为时装画最常用的比例。

3.1.1 女性人体基本比例与时装画常用比例

女性人体与男性人体的主要区别在骨盆上，女性的骨盆比男性宽而深。除此之外，女性人体比例与男性人体比例基本一致。需要注意的是，女性躯干较男性稍短，四肢更修长，肌肉线条柔和且富有弹性，手脚及关节部位也较男性更精致、纤细、小巧，这样更能凸显女性的人体美。

女性人体最显著的特征是：肩部与臀部等宽，腰部明显内收，这种特征使得女性人体呈现出理想的沙漏形状。同时，胸部也是女性的另一大特征，也是最能体现女性形象的部位。当从侧面看时，女性人体的胸部前挺，臀部后翘，形成了更加完美的S形曲线。

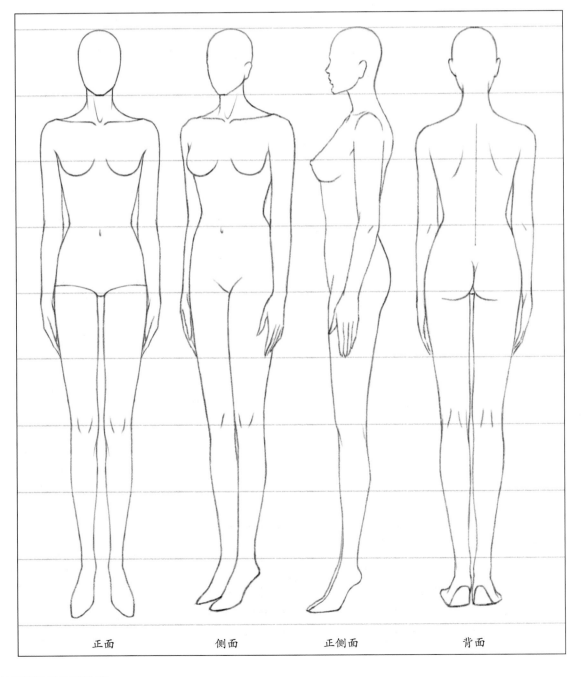

正面　　　　　　　侧面　　　　　　正侧面　　　　　　背面

男性人体基本比例与时装画常用比例

　　男性人体与女性人体的区别在于，男性骨盆与女性相比更加窄而浅，因此更能突出男性的肩宽。同时，男性的肩宽大于臀宽，使得男性人体呈现出完美的倒三角形。此外，男性四肢强健，骨骼粗壮，肌肉发达且结实，关节也较女性更加明显，所以在绘制时，要注意多用方直线来表现男性的力量感。

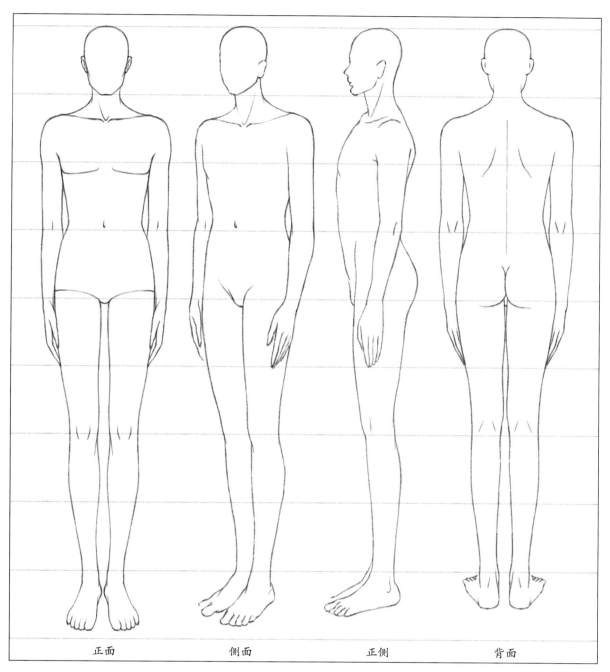

| 正面 | 侧面 | 正侧 | 背面 |

- **女性与男性人体的形态差异（表格）**

性别	差异1	差异2	差异3	差异4
女性	臀宽肩窄：漏斗形	娟秀清丽、线条柔和	四肢修长、曲线优美	胸部柔和丰满，呈椭圆形
男性	肩宽臀窄：倒三角形	方正明晰、线条粗犷	四肢强健、肌肉发达	胸部呈方形，乳头位置较女性高

3.1.3 儿童、青少年人体基本比例与时装画常用比例

　　人的一生要经历婴幼儿、少年、青年、中年、老年等几个不同的时期，不同时期所呈现出来的身体形态和比例关系也都是不同的。幼童的体态特征是头大身小、四肢粗短，随着年龄的增长，身体逐渐发育，身体和四肢不断拉长，身体各部分比例关系开始变得匀称。到了青少年时期，身体比例已基本和成人相等，但因发育还未完全成熟，因此身形更为纤细、瘦小。

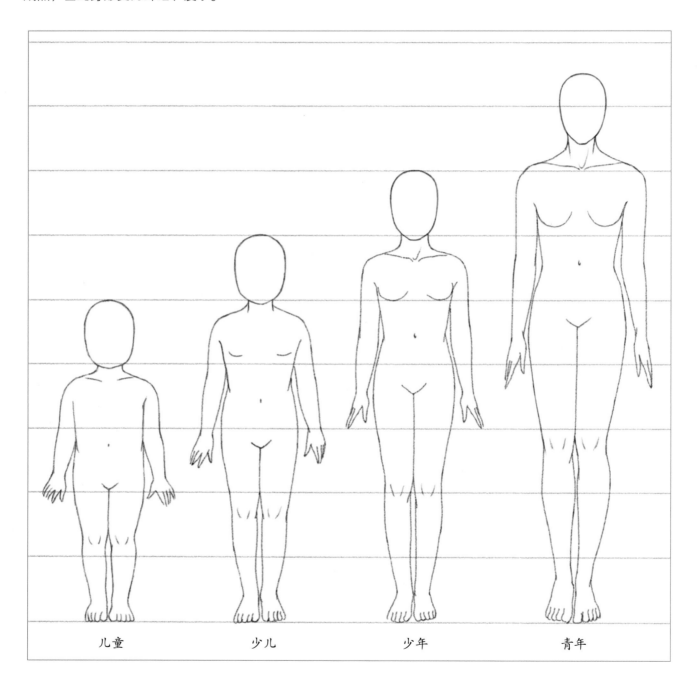

儿童　　　　　　　　少儿　　　　　　　　少年　　　　　　　　青年

3.2 ▸▸
时装画人体结构

人体结构最重要的三点是比例、结构、动态，能够熟练使用适当的比例、精准的结构和轻松的动态是学习的终极目标。人体的结构复杂多变，在学习人体结构的过程中，除了要掌握人体的基本比例，还需要对人体各部分进行深入研究与学习。

3.2.1 头部与五官

1. 头部绘制与"三庭五眼"

在时装画中，头部最能够展现出人物的气质与精神状态，是表现的重点。从正面看，头部呈鸭蛋状，上大下小。五官以眉心为中心，左右对称，以"三庭五眼"的比例关系分布在面部。

重点讲解：三庭五眼

三庭：将脸部长度三等分，
　　一庭：发际线至眉心。
　　二庭：眉心至鼻底。
　　三庭：鼻底至下巴底部。
备注：耳朵大小占一庭，位于中庭。

五眼：以一个眼睛的长度为标准，将脸部最宽处五等分。

01：绘制头部轮廓：鸭蛋形（上大下小）；头部长宽比：3:2。

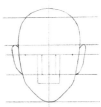

02：绘制中轴线和"三庭五眼"定位线，确定耳廓位置。

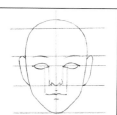

03：按定位画出五官。注意从外眼角至耳朵边缘为一眼距；嘴唇约在第三庭中间偏上的位置。

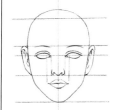

04：细化耳朵、嘴巴，画出双眼皮；鼻翼等于或略宽于一眼距；嘴的宽度大于鼻翼的宽度，嘴角位于内眼角 1/3 处。

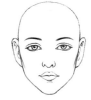

05：细化眼睛、眉毛，强化颧骨线，画出下巴形状，擦除辅助线。

06：绘制睫毛、唇凸等细节。

2. 头部角度与透视

在绘制人物头部时，头部的角度与透视是重点和难点，画好头部角度和透视的关键是找准面部中心线和五官位置线。

面部中心线：眉心、鼻尖、唇豆的连线。

五官位置线：眉弓、眼角、鼻底、唇裂线。

透视重点如下。
平视角度：五官位置线互相平行，并与面部中心线垂直。
俯视/仰视角度：五官位置线由中心向两侧逐渐缩小。

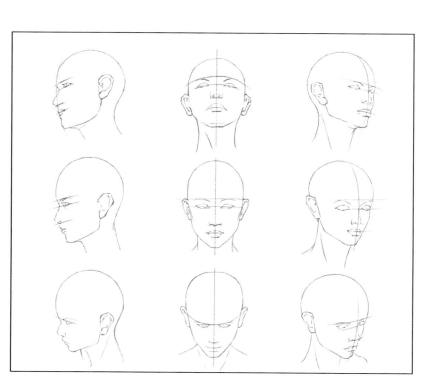

· 眼睛

在时装画中，眼睛是最能表现人物特点和神情的部位，因此眼睛是面部五官的刻画重点。在绘制时，可以将眼睛理解成一个不对称的橄榄形。其中，内眼角一般比外眼角低，而上眼睑的弧度大于下眼睑。在刻画时需注意，内眼角的上下眼睑相连接，外眼角的上眼睑覆盖下眼睑。在侧转时，眼睛的长度会变短，内眼角的弧度加大。

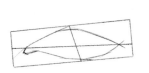

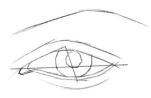

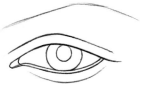

01：绘制一个倾斜的长方形，用直线标出内外眼角和眼睛的最高处及最低处。

02：用长直线绘制出眼睛的大致轮廓和眉毛的位置。注意：眼珠被上眼皮遮住一小部分。

03：柔化并加重眼睛线条，擦除多余的辅助线。

04：画出眉毛与睫毛，并注意毛发走向。注意：上眼睑的睫毛比下眼睑的浓密，外眼角的睫毛比内眼角的浓密。

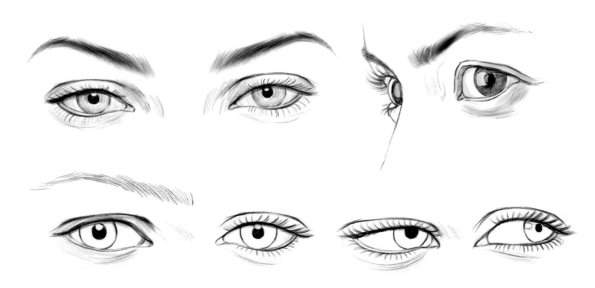

不同形态的眼睛

· 鼻子

鼻子是整个面部中最突出且立体感最强的五官，是由一个正面、两个侧面和一个底面构成的较为复杂的棱台。需要注意的是，鼻子是时装画中刻画的次重点，在绘制时简略绘制即可，很多时候只需绘制出鼻孔和鼻翼。但是，在绘制侧面的鼻子时，要注意鼻梁的高度。

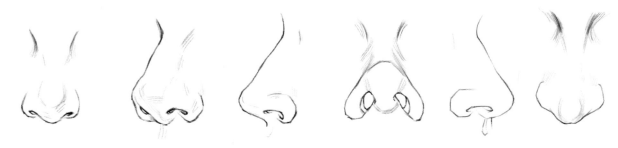

不同形态的鼻子

· 嘴

　　嘴位于第三庭中间偏上的位置，分为上唇和下唇，中间为唇裂线；上唇内凹，形似被拉伸的"M"，下唇外凸，形似被拉伸的"W"。
　　在绘制时要注意：上唇略薄，下唇较为饱满；男性嘴唇偏宽，女性嘴唇较男性更丰厚一些。

 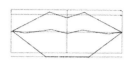 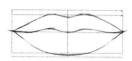 

01：绘制一个长方形，并绘制出十字中轴线。

02：确定唇中缝位置线并确定嘴唇的最高点和最低点，用长直线表示。

03：用柔和的曲线来细化嘴唇。注意：上唇形似扁"M"，下唇形似扁"W"。

04：进一步细化，绘出唇豆并描绘出下唇内凹的状态和下唇窝形状。

不同形态的嘴

· 耳朵

　　耳朵由外耳轮、内耳轮、耳垂和耳屏组成；耳朵的大体轮廓像一个"C"，上端较宽，下端较窄。耳朵位于"三庭五眼"中的第二庭（眉心至鼻底）。
　　耳朵位于头部两侧，在时装画绘制中属于次重点，简略绘制即可。注意：当头部为正面时，耳朵处于前侧面；当头部为正侧面时，耳朵处于正面。

不同形态的耳朵

作为整体时尚造型中不可或缺的一个重要部分，发型和妆容总是能够很好地对服装和人物的造型起到衬托作用，同时发型和妆容也能够轻易地改变和凸显人物的整体形象和气质，表现出人物的个性。对于服装设计师来说，发型和服装的搭配也很重要；作为细节的点缀，妆容能对整体造型起到画龙点睛的作用。

· 发型

在绘制头发时，不论何种发型，都要注意发型自身的体量感，注意头发的层次和走向。为了让画面显得更整体一些，可以有意识地对头发进行分组表现，并处理好疏密和穿插关系。

（1）短发

01：先用铅笔轻轻地绘制头骨外轮廓，找准头顶与下巴的位置，使头部呈较为饱满的鹅蛋形。在面部绘制两条中线，分别是眼睛的位置和面部中心线。考虑好头发的叠量，确定头发分缝的位置，绘制出头发的基本轮廓。

02：确定五官，丈量好"三庭五眼"的位置，根据模特的实际特征，确定眼睛的类型与眉毛的位置。五官尽量凸显模特的特征，确定好基本形。确定头发的走向，从生长点开始，整理出刘海与两侧头发的走向，注意进行分组，并区分头发的叠压关系。将五官进一步细化，抓住特征。

03：擦除不必要的线，根据头发的走向绘制头发丝的细节，考虑整体的受光，适当留白，分清分缝处的头发走向。注意：处理时不要过于死板。耳后的头发细节适当弱化，分清主次。刻画五官，并注意五官与头发的遮挡关系。

04：进一步细化发丝，处理好头发的叠压关系与体量感。耳后的头发适当加重，表现出光影的变化，头发边缘进行松动处理，不要使其过于死板。细化五官，注意五官的受光与厚度。

（2）中长发

01：先用铅笔轻轻地绘制头骨外轮廓，找准头顶与下巴的位置，使头部呈较为饱满的鹅蛋形。在面部绘制两条中线，用于确定眼睛的位置和面部中心线。绘制出头发的基本轮廓，并对头发进行大致分组。

02：确定五官的位置，明确五官的结构，确定模特眼睛的类型与眉毛的位置。将五官进一步细化，并抓住其特征。

03：擦除不必要的线，细化头发的层次，整理每组头发的细节形态和相互间的穿插叠压关系。深入细化五官，按眉毛走向对其进行细致刻画。

04：进一步细化头发，处理好头发的叠压关系，使其层次更加分明，体积感更强。细化五官，对五官进行深入刻画。

（3）长发

01：先用铅笔轻轻地绘制出侧面头、颈、肩三者的关系，找准头顶与下巴的位置，使头部呈较为饱满的鹅蛋形。在面部绘制两条中线，用于确定眼睛的位置和面部中心线。然后绘制出头发的基本轮廓。

02：确定五官的位置，明确五官的结构，注意侧面五官比例结构的准确表达。细化五官的具体造型并画出眉毛，将头发进行细致的分组，进一步梳理头发的走向，表现出头发的层次感，注意下垂长发的走向，以及发梢形状的表达。

03：细化头发的层次，整理每组头发的细节形态和相互间的穿插叠压关系，进一步表现头发的体量感和层次感。深入刻画五官，注意对五官体积感的塑造和表达。

（4）盘发

　　相较于其他发型，盘发有着非常鲜明的体量感，发髻也有着清晰、明确的形状，所以在绘制盘发时，要注意对其进行细致的分组，注意头发的层次、走向，并将发髻之间的穿插和叠压关系整理清楚，以便更好地表现整个发型的空间关系和体量感。

01：先用铅笔轻轻地绘制头骨的外轮廓，找准头顶与下巴的位置，使头部呈较为饱满的鹅蛋形。在面部绘制两条中线，用于确定眼睛的位置和面部中心线。然后绘制出头发的基本轮廓，并对头发进行简单的分组。

02：确定五官，丈量好"三庭五眼"的位置。根据模特的实际特征，确定眼睛的类型与眉毛的位置。五官尽量凸显模特的特征，确定好基本形。确定前额处头发的位置，将五官进一步细化，注意抓住特征。

03：擦除不必要的线，对头发进行更为细致的分组，并根据头发的走向绘制头发的翻转叠压关系。进一步细化五官，对眉毛进行细致的刻画。

04：进一步细化头发，注意处理好头发的叠压关系与体量感，头发边缘要画出飘散的效果，不要过于死板。细化五官，对眼睛进行深入刻画。

· 妆容

　　化妆是运用化妆品和工具，采取合乎规则的步骤和技巧，对人体的面部、五官及其他部位进行渲染、描画、整理，增强立体印象，调整形色，掩饰缺陷，表现神采，从而达到美化视觉效果的作用。化妆，能表现出人物独有的美，能改善人物原有的"形""色""质"，为人物增添美感和魅力，能作为一种艺术形式，呈现一场视觉盛宴，表达一种感受。在现实生活中，适当地化妆也是一种尊重他人的行为。

　　妆容表现最重要的原则就是色彩搭配合理，能和整体造型形成和谐的效果。在进行绘制时要重点凸显眼部和嘴唇，通过对整体五官结构的了解，对其进行立体感塑造。

　　（1）妆容绘制示例一

01：用铅笔起稿，绘制出发型与五官，注意头、颈、肩三者关系的准确表达。用棕色针管笔勾勒五官及裸露处的皮肤。

02：擦去用针管笔勾勒出的铅笔线稿，整理出清晰的面部，避免对着色产生影响。加大量水调出肤色，先进行简单的打底。

03：调制出更深一点的肤色，为眼窝、鼻底、唇底、头发的投影、脸部在脖子上的投影以及大块阴影面着色。注意适当加深耳朵，使它往后去，整体明确亮部和暗部的关系。

04：处理眼部与鼻梁的连接，形成自然的过渡，加深脸颊，适当地用一些冷色来融合，营造冷暖变化。深入刻画眼窝与口鼻的三角区域，加深眼窝与鼻翼两侧，在暗部适当使用冷色。之后塑造耳朵，并对眼球进行着色，同时勾勒出瞳孔与高光，注意眼角微微偏红。整体进行调试，加入腮红。

05：加深瞳孔，留出高光，并使用通透一点的颜色绘制眼珠，以体现眼珠的光泽。注意眼皮在眼球上产生的投影。绘制眉毛，两头颜色较浅，要注意走向。调制唇彩的颜色，注意上嘴唇颜色较深，下嘴唇颜色较浅。

06：细化面部五官，用深棕色绘制上下睫毛，注意睫毛的走向，上眼睑的睫毛更加浓密细长。用土黄色加水绘制金色的眼影。绘制眼影也要注意根据眼球的起伏产生颜色变化。细化嘴角，使其过渡更加自然。最后用高光墨水进行适当的提亮。

（2）妆容绘制示例二

01：用铅笔起稿，绘制发型与五官，注意头、颈、肩三者关系的准确表达。用棕色针管笔勾勒五官及裸露处的皮肤。

02：擦去用针管笔勾勒出的铅笔线稿，整理出清晰的面部，避免对着色产生影响。加大量水调出肤色，先进行简单的打底。

03：调制出更深一点的肤色，在眼窝与口鼻的三角区域着色，将耳朵与脖子的颜色加深，以区分前后关系。

04：处理脸部五官的过渡，加深眼窝、脸颊、鼻底以及下巴的投影，适当地在阴影里加入冷色来融合，形成冷暖对比。细化五官，连带处理好五官的过渡关系。注意眼角阴影面、鼻翼两侧到脸颊的过渡和口轮匝肌的处理。为眼球着色，同时勾勒出瞳孔与高光，并加深瞳孔，注意眼角微微偏红。

05：绘制眼部，用较为通透的颜色绘制眼珠，注意体现光泽感。用深棕色加深眉毛，并绘制出上下眼睫毛，注意上下眼皮的厚度及眼皮产生的阴影。

06：调制出唇彩的颜色，对嘴部进行着色。上嘴唇颜色较深，下嘴唇适当留出高光，用深棕色加入适量深红色勾勒嘴角和唇缝线，加深暗部，使唇形更加饱满。丰富嘴角与口轮匝肌的颜色，并用高光墨水进行适当的高光点缀。

3.2.2 躯干

躯干分为胸腔和盆腔两大体块。在绘画过程中，可以将胸腔理解成一个上宽下窄的倒梯形，盆腔可以理解成一个上窄下宽的正梯形，胸腔和盆腔两大体块由脊柱相连接。

绘制躯干的学习重点是掌握两条重要的定位线——肩线和髋骨线。这两条定位线能体现出两大体块的相互关系，进而决定着身体的扭转与俯仰。当这两条线平行时，两大体块就处于相对静止或平行的状态，此时躯干处于静止状态；当这两条线相交错时，两大体块就处于相互挤压、错位的状态，交错程度越大，躯干的动态幅度也就越大。

· 静止和运动状态的体块

（胸腔：上宽下窄的倒梯形，偏长）

＋

（盆腔：上窄下宽的正梯形，偏扁）

静止状态的体块

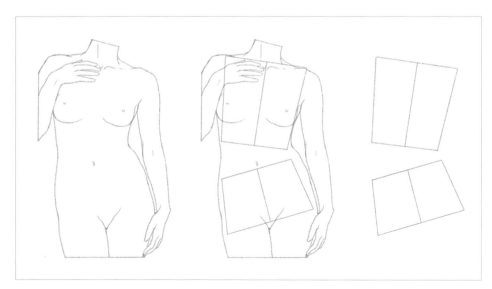

两大体块的一侧产生了挤压的状态，另一侧产生了拉伸的状态。当两个体块的运动幅度变大时，挤压和拉伸的幅度也就变大。

运动状态的体块

1. 手

在时装画中，手部形态因其结构复杂、动态灵活多变，成为了时装人体绘画中的一个难点。手部形态对于动态美感的塑造是非常重要的，因此在绘制时要特别重视。

· **手部结构与透视**

手的长度约为头长的3/4，在绘制手部时，可将其分解为两个部分：多边形（扇形）的手掌、近似圆柱体的手指，这两部分的长度基本相等。其中，手指又可以分为两部分：可以归纳成组的四指、拥有独立运动范围和透视角度的大拇指。

需要注意的是：

①大拇指位于手掌侧面，其他四指长度不一，从指根到指尖，包括所有指关节均呈弧形排列，并非处于同一水平线上。

②在绘制手部动态时，要注意手腕与手掌以及手掌与手指之间的转折关系。

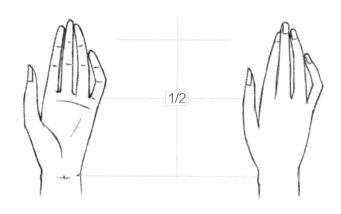

1/2

手部结构示意图

· **手的不同形态**

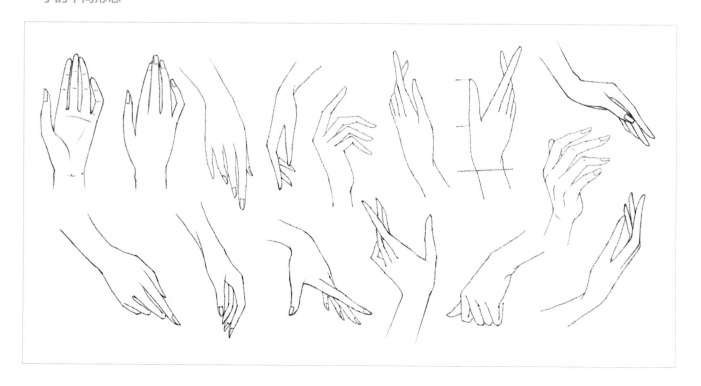

2. 脚

　　脚是人体站立和各种动作的支撑点，脚的正确描绘有助于塑造站姿的稳定感。脚由脚趾、脚背和脚后跟三部分组成。与手相比，脚的动态变化相对较少，因此在绘制时要注意脚趾、脚背和脚后跟这三者之间的转折和扭动关系，因为这三者的转折和扭动关系决定了脚的不同形态。此外，脚背的透视和绷起的弧度，往往会因鞋跟高低的变化产生相应的变化。

　　与手指一样，脚趾也是按弧形进行排列的。
　　从正面看，内脚踝高于外脚踝；从侧面看，脚趾、脚背和脚后跟这三者构成了一个拱形的曲面，其中脚后跟的形状尤为饱满。
　　为了更好地支撑人体的重量，高跟鞋的鞋跟一般位于脚后跟的中心处。

· 不同高度的鞋跟对脚的形状与透视的影响

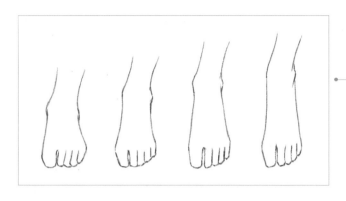

　　鞋跟越低，脚背的长度越短，脚掌的前后宽窄差距越大；

　　鞋跟越高，脚背的长度越长，脚掌的前后宽度差距不大。

　　鞋跟越低，脚背和脚弓的曲线越平直；

　　鞋跟越高，脚背越紧绷，脚背和脚弓的弧度越大。

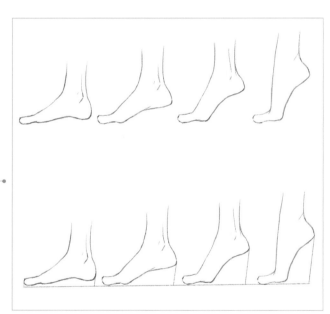

· 脚的不同形态

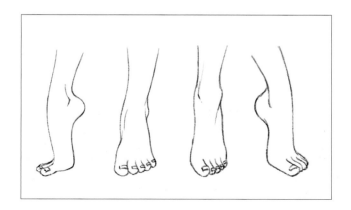

在现实生活中，人体随着动态的不同而形态变化多端。在时装画中，人体的不同动态主要是为了更好地凸显服装和相应的设计点。因此，在进行时装画绘制时，只需要掌握常用的站立和行走动态，即可满足绘制需求。

3.3.1 人体运动的基本规律

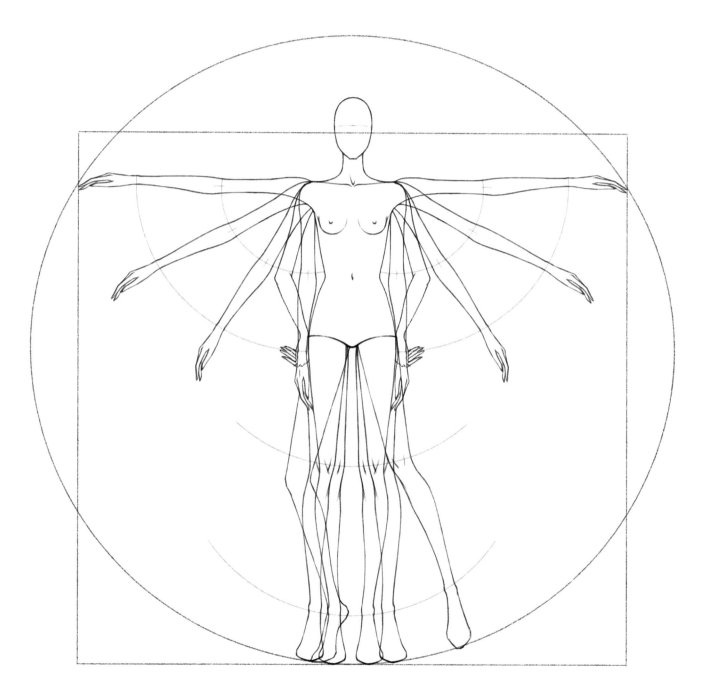

  人体结构和人体运动有其基本规律，这种规律在 500 年前意大利文艺复兴绘画巨匠达·芬奇所画的人体比例图"维特鲁威人（Vitruvian Man）"中就有所展现。人体各部位均围绕相应的关节进行相应的圆周运动，如手臂与腿部的抬举与屈伸。在同一平面中，人体各部位（如手臂和腿部）在运动中的长度比例是不变的。为避免人体出现不合理的形变，在绘制人体动态时还需注意：人体各部位的运动范围都有着相应的局限性，如腰部后仰的范围小于前弯的范围，腿部向内侧活动的范围小于向外侧活动的范围，手臂向后活动的范围小于向前活动的范围。掌握了人体运动的基本规律，就能绘制出平衡、稳定且没有形变的完美人体动态。

在时装画中，常用的人体动态是站立动态和行走动态。在绘制站立动态和行走动态时，首先需要找准人体的重心，然后根据重心位置来协调身体的各个部分，以此维持身体的平衡。重心线，是由锁骨中点引出的一条垂直线，是分析人物运动的重要依据和辅助线。重心线可以用来检查动态是否稳定，但不会因人体的动态而发生变化。当人体处于直立状态时，重心线落在两腿中间，两条腿平均分担身体的重量，此时胯部不摆动；当人体处于一条腿为主要支撑而另一条腿为辅助支撑，或者仅有一条腿支撑身体的全部重量时，重心线落在支撑腿上或者支撑腿附近，哪条腿支撑身体重量，胯部就向哪一侧抬起。

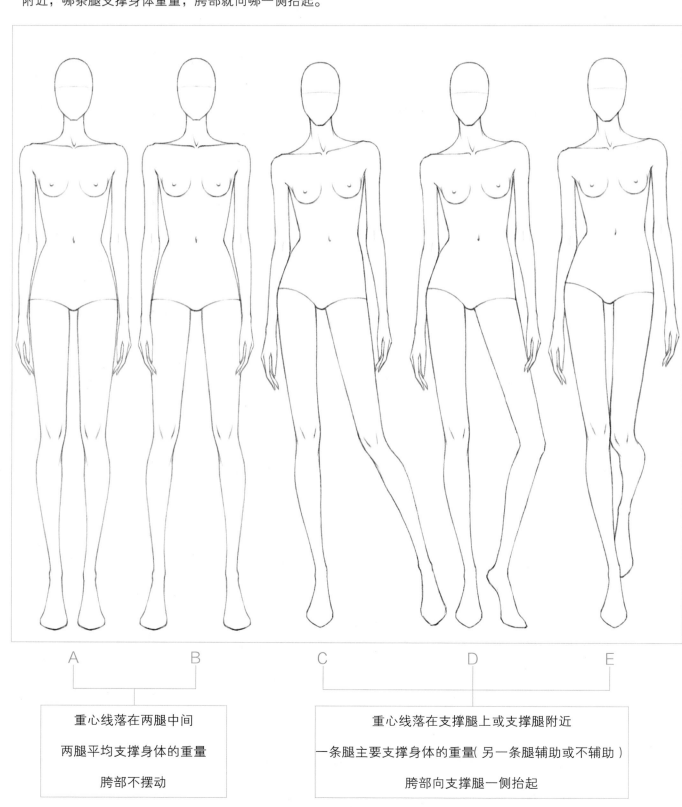

A	B	C	D	E

重心线落在两腿中间

两腿平均支撑身体的重量

胯部不摆动

重心线落在支撑腿上或支撑腿附近

一条腿主要支撑身体的重量(另一条腿辅助或不辅助)

胯部向支撑腿一侧抬起

04 人体与着装

在进行时装设计和时装画绘制时，要想给人体"穿"上合适的衣服就必须理解服装和人体结构、人体动态之间的关系，理解服装和人体之间的关系，只有这样才能从根本上明白服装的造型原理。

服装造型多种多样，但无论哪种造型塑造都离不开人体结构，所以，在进行时装设计和时装画绘制表现时，绝对不能出现服装造型违背人体结构的错误。只有服装造型符合人体结构、动态及空间关系，在着装后人体和服装才能得到完美的诠释和演绎。

4.1 ▶▶
服装与人体的关系

服装因人体产生，又以人体为支撑，好的服装能凸显身体的优点，掩饰身体的缺陷。要绘制服装，就必须要研究服装与人体的关系，其中服装与人体的空间关系是服装设计研究的重点。服装与人体的空间关系能对服装的外部造型产生最为直接的影响，两者之间的空间越小，服装造型就越内收，人体活动就越不自由；反之，服装造型越膨胀，人体活动就越自由。

服装一方面包裹着人体，另一方面又要给人体留出足够的活动空间。需要注意的是，服装与人体之间的空间，有的空间是必须有的，这种空间能保证人体活动自由；有的空间是相对独立的，这种空间不受人体结构和运动的影响。

4.1.1 服装与人体的空间关系

· 贴近人体的服装（紧身服装）

紧身服装与人体之间的空间小，但并不是完全贴在人体上的。在国际着装原则中，较为正式的场合都需要穿着偏紧身的正式服装，这种服装使人身形挺拔，仪态端庄、优雅。

· 远离人体的服装（宽松服装）

宽松服装与人体之间的空间大，更适合大幅度运动穿着。在服装品类中，功能性服装，如运动装、工装等多为宽松的服装，这种服装的活动空间大，对人体活动的限制性小。

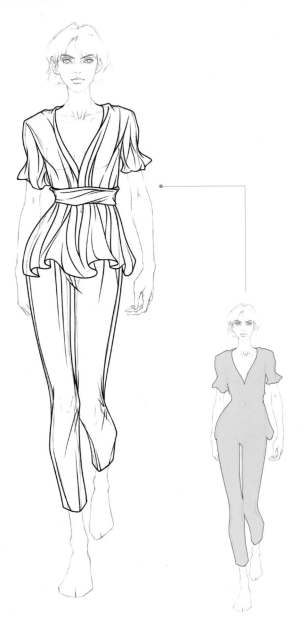

4.1.2 服装的廓形

在服装设计中，服装造型的外轮廓称为廓形。服装的廓形是服装款式造型的第一要素。廓形的设计和完成需要设计师倾注大量的注意力和精力。关注和研究服装廓形，目的是通过廓形把握服装造型的基本特征，从而在千变万化的服装大潮中，抓住服装流行趋势的主流和走向。

服装廓形所反映的往往是服装总体形象的基本特征，像是从远处看到的服装形象效果。在服装构成中，廓形的数量是有限的，而款式的数量是无限的。也就是说，同样一个廓形，可以用无数种款式去充实。服装的款式变化，有时也并不仅限于二维空间的思考，也要考虑层次、厚度、转折，以及与造型之间的关系等。

服装廓形的实现通常有两种方法：一是通过对服装结构的设计与塑造来实现；二是通过服装面料和服装工艺手段的辅助搭配来实现。对服装结构的设计与塑造通常是通过对结构线、省道和褶皱的调整处理来实现的。服装面料和服装工艺手段的辅助搭配通常是通过服装面料本身的材质特点，以及支撑特性辅以特殊的服装工艺手段，如处理工艺量、加入填充物、搭建支撑架、烫衬等方法实现的。

· X 形

X 形是最为传统、使用时间最长的服装廓形。X 形是通过夸张肩部、衣裙下摆而收紧腰部，使整体看起来类似字母 X 的造型。X 形与女性身体的优美曲线相吻合，能更好地展现出女性完美的"沙漏形"身体曲线，更好地展现和强调女性的魅力。此廓形常用于经典风格和淑女风格。

· H 形

H 形是一种上下平直、腰部宽松的廓形，此廓形弱化了肩、腰、臀之间的宽度差异，外轮廓类似矩形，也类似大写字母 H。H 形服饰具有修长、简约、宽松、舒适的特点。H 形出现于 19 世纪末 20 世纪初，是将女性从紧身胸衣中解放出来，并让服装向着更为舒适的方向发展的典型廓形。

· O 形

O 形常用于运动装、休闲装、家居服、孕妇装，具有肩部夸张、腰部宽松、下摆收缩的典型特征；O 形宽松的空间可以满足大量运动需求，同时也可以巧妙地遮掩偏胖人群的腰线，表现出休闲、舒适的感觉。O 形服装常在开口处添加抽绳、罗纹、带扣等手段做收口处理，以此来减少宽松服装对运动动作的干扰。

· A 形

A 形常用于大衣、连衣裙、晚礼服中，是一种适度的上窄下宽的平直造型，纵向的长线条能够拉伸身体的比例，给人修长而优雅的感觉。A 形服装弱化了身体的优美曲线，展现出简洁、宽松的直线感。

· T 形

T 形是夸张肩部的样式，形似大写字母 T，常用于女士职业装。T 形廓形使女装具备了男装的特性，强调了女性强势的一面。同时，T 形是男士服装的代表，具有潇洒、大方、硬朗的风格。

· V 形

V 形和 T 形相似，属于干练型廓形。V 形廓形是肩部较宽、下面逐渐变窄的样式。V 形廓形整体外形较夸张，有力度，常用于上装，如夹克、短连衣裙。

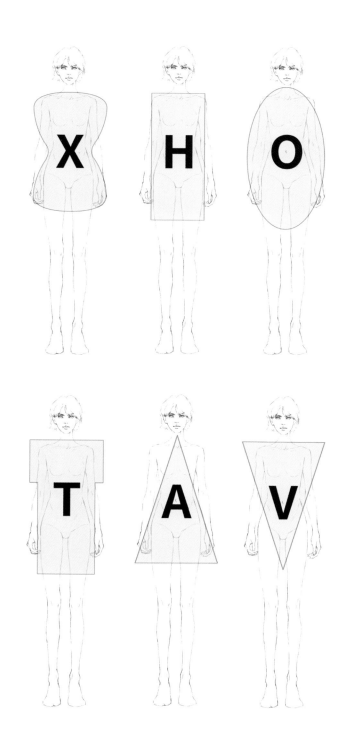

X 形服装

H 形服装

O 形服装

T 形服装

V 形服装

A 形服装

4.2 ▶▶
服装各构成部件与人体的关系

服装的整体造型由不同的服装部件组合而成，这些服装部件各具功能性和装饰性。在服装设计中，服装部件的多样性使得服装造型设计丰富多变，服装设计师既可以单独强调某一个服装部件，使其成为设计焦点，也可以将所有的服装部件统一整合到一个风格里，形成和谐统一的外观风格。对服装部件进行创新变化设计是一项既具有挑战性又富有趣味性的工作，因此，要深入了解每一个服装部件及其构成。只有这样，设计才会更具内涵。

4.2.1 领子

　　衣领是覆于人体颈部的服装部件，起保护和装饰作用，广义的衣领包括领身和与领身相连的衣身部分，狭义的衣领单指领身。不同款式的服装通常会搭配相对应的领型，在设计和绘制领子时要着重考虑领子和肩颈部位的关系，尤其是领子和脖颈之间的空间关系。没有领子的服装，可以在领口线上进行设计变化，如圆领、鸡心领、一字领等。有领子的服装又分为关门领和开门领。关门领紧贴脖子，需要使用弹性面料或预先预留出可供脖子活动的松量，如立领和衬衫领；开门领受脖子的限制较小，不受脖子限制的部分结构变化相对自由，如西装翻领领面的宽窄及驳领的长短。

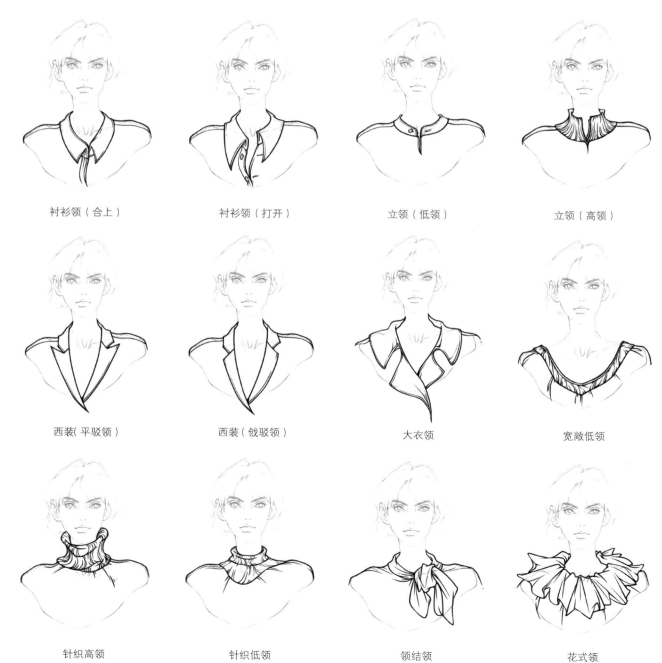

衬衫领（合上）　　　　衬衫领（打开）　　　　立领（低领）　　　　立领（高领）

西装（平驳领）　　　　西装（戗驳领）　　　　大衣领　　　　宽敞低领

针织高领　　　　针织低领　　　　领结领　　　　花式领

　　袖子是所有服装构成部件中面积最大，也是最具分量感的部件。很多时候，袖子的形态直接决定了服装的廓形。和领子一样，不同款式的服装通常也会搭配相对应的袖型。例如，西装和外套搭配两片袖，衬衫搭配一片袖，运动装通常搭配插肩袖。

　　袖子的种类和样式多种多样，根据袖子的长短，可分为无袖、短袖、半袖、七分袖和长袖；根据袖片多少，可分为一片袖、两片袖和多片袖；根据制作方法，可分为圆装袖、插肩袖和连裁袖；根据袖子的造型和款式特点，又可以分为西装袖、灯笼袖、泡泡袖、蝙蝠袖、羊腿袖、喇叭袖、紧口袖等。

　　在设计袖子时，需要着重考虑肩部的形态，以及胳膊活动时对服装的影响。西装两片装袖子因加了垫肩，胳膊活动幅度大大受限，因此形成挺括的端肩，举止优雅；运动装的插肩袖形成的肩形圆润饱满，活动范围相对自由，因此可以运动自如。

短袖　　　　　　　运动服收口袖　　　　　　落肩袖　　　　　　西装袖

羊腿袖　　　　　　灯笼袖　　　　　　喇叭袖　　　　　　蝴蝶袖

　　在衣服的前胸部位从头到底的开口称为门襟。门襟是服饰中最醒目的部件，它和衣领、袋口互相衬托，展示时装艳丽的容貌。服装的门襟是为服装的穿脱方便而设在服装上的一种结构形式，门襟的款式层出不穷、千变万化。门襟分为两大类：对襟和叠襟。对襟是没有叠门的开襟形式，即衣片不需要重叠量，靠拉链、系绳和挂扣等方式进行闭合；叠襟的左右衣片相交叠，有一定的重叠量，是采用纽扣、钉扣等方式来闭合的门襟形式。

　　下摆是衣服的下边沿，一般指接近衣服最下面 5cm 左右的部分。在时装画绘制中，关于下摆最重要的是弧度。需要注意的是，在服装中，门襟所对应的下摆是按照人体的曲线画的，下摆一定不是直的，而是有弧度的。因领子、门襟和下摆处于同一条设计线上，所以在进行时装设计和绘画时，可以将三者统一考量，进行整体化设计。

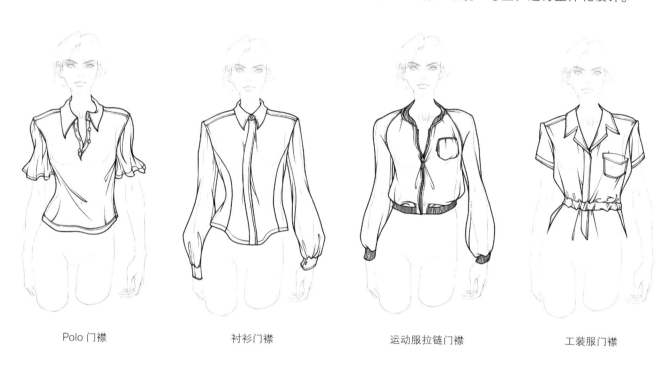

Polo 门襟　　　　　衬衫门襟　　　　　运动服拉链门襟　　　　　工装服门襟

西装门襟（单排三粒扣平驳领）　　西装门襟（双排六粒扣戗驳领）　　西装门襟（双排四粒扣戗驳领）　　西装门襟（一粒扣平驳领）

　　服装最大的功能之一就是美化人体，在所有服装部件中，腰线和腰头是很容易被忽略的元素，但其作用却不容小觑。

　　腰线分有形腰线和无形腰线，有形腰线用腰头、破缝线或腰带等方式对腰部进行强调处理；无形腰线通过结构形体的塑造来进行体现，常见如一片式结构的针织紧身裙。在所有服装部件和元素中，腰线是最能重塑体形的元素，作为上下装的分界线，腰线可以划分和调整上下半身的比例。

　　按高度来分，腰头可分为高腰、中腰（标准腰）、低腰；按宽窄来分，可分为宽腰头、窄腰头和无腰头。相较于腰线的调节作用而言，腰头最为突出的作用是对下半身的服装进行固定，尤其是臀部、髋部宽松的裤装或裙装。

　　在绘制时装画时，要将腰线与衣身看成一个整体，尽量对腰线进行简化处理，以免喧宾夺主。

高腰　　　　　　　　　　　　中腰　　　　　　　　　　　　低腰

宽腰头　　　　　　　　　　　窄腰头　　　　　　　　　　　无腰头

4.3 ▸▸

服装的衣纹规律及褶皱表现

褶皱是设计师采用最多的设计手法之一。在服装设计和绘制中，要想将服装表现得生动自然，必须了解服装的衣纹规律及褶皱的基本表现。在现实生活中，人体的运动、面料的质地和特性、服装款式及加工工艺都会时刻影响和改变褶皱的形态变化。按褶皱形成的原因归纳，服装褶皱分为两类：一类是通过加工工艺形成的褶皱，如缠裹褶、缩褶和荷叶边，此类褶皱兼顾功能性和装饰性；另一类是因人体运动而产生的褶皱，如挤压、扭转褶，此类褶皱能很好地体现着装者的运动动势和着装效果。

4.3.1 挤压褶

人的身体/肢体在运动弯曲和挤压时产生的褶皱就是挤压褶，在任何时候将身体的某部位弯曲挤压，都可以看到这种最基本的褶皱。挤压褶常出现于肘弯处和膝弯处，在肘弯和膝弯处聚集，形成方向性较强的放射性褶皱。

半锁形褶皱

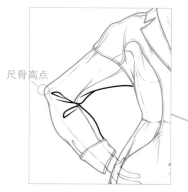

尺骨高点

Z 形褶皱

半锁形褶皱：身体/肢体在运动弯曲时产生的褶皱。如上图，手肘弯曲时，弯曲部分的布料要从挤压处延伸向尺骨高点。

半锁形褶皱经常出现的位置：手肘弯曲处、膝盖弯曲处、大腿根部与胯部交界处。

Z 形褶皱：衣服受到挤压时形成的褶皱。例如，将衣袖撩起，开始挤压，可以看到手臂处的衣服形状，形成 Z 形褶皱；腿部前抬，在腿部形成 Z 形结构。

当画 Z 形褶皱时，必须考虑布料是被挤压的，它不是一条线，而是布料。

4.3.2 扭转褶

人的身体/关节部位扭转时产生的褶皱就是扭转褶。扭转褶经常出现于可扭动的身体和关节部位，如腰部、脖子、胳膊、腿部等处，其中腰部产生的扭转褶较其他部位更为明显。

4.3.3 管状褶

当衣物单点悬挂，其余部分受到重力下拉垂落时，会产生管状褶皱，肩袖处形成的褶皱类型就是管状褶皱。

管状褶皱最常见的服装类型：百褶裙。

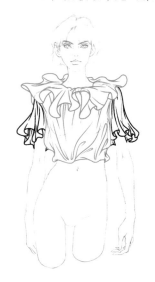

4.3.4 缠裹褶

服装缠绕、裹扎时产生的褶皱就是缠裹褶。和其他褶皱不同的是，缠裹褶没有绝对的方向性，在绘制时装画时，可以根据布料缠裹的方式和走向来确定褶皱的基本走向。

服装的缠裹是多层次美感的表现，可以起到直接改变外观形象的作用。

4.3.5 缩褶和荷叶边

将宽松面料产生的褶皱通过工艺手段固定，就是缩褶。缩褶造型是褶裥的一种形式，是服装常用的装饰造型之一，缩褶造型具有很强的立体感。常见的缩褶有叠压褶和抽褶。

叠压褶

将宽松的面料通过折叠／叠压的方式固定起来，就是叠压褶。

叠压方式有两种，一是通过热压定形，二是手工叠压缝制。

抽褶

抽褶是最为简单的面料处理技巧，即通过工艺手段缩短面料边线或者车缝线长度，以赋予服装丰富的造型变化。

服装抽褶具有功能性和装饰性，广泛用于上衣、裙子、袖子等服装部件的设计中。注意：在绘制抽褶时，要把握好抽褶抽掉的量或者把握好完成时的长度。

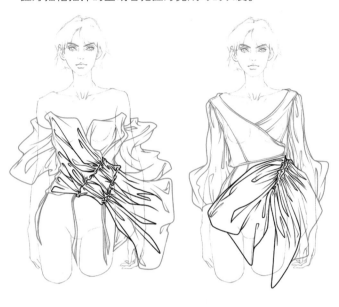

荷叶边

荷叶边，指服装上形似荷叶的边，有层层叠叠的感觉，用在衣领、衣角、袖头、裙摆等处。

荷叶边一般是用弧形或者螺旋裁剪的方式来裁剪的，内弧线缝制在衣片上，外弧线自然散开，形成荷叶状，也有结合打褶来制作的，用来增加波浪的起伏感。

荷叶边是服装常用的装饰手段，在绘制荷叶边时，要注意其疏密穿插和翻折变化。

▸▸Chapter

05 时装面料质感表现

在进行时装画创作时，不但需要学习不同工具的使用技法，还需要了解如何通过这些技法表现出特定的服装及其面料质感。作为设计师，恰如其分地表现出服装面料的质感，将能够更准确、更有力地向观者传达自己的设计创作意图。

在时装画中，不同服装面料质感的表现通常有一定的规律可循。大部分时候，可以通过对服装造型、衣纹规律、褶皱状态、光泽度、厚度、肌理等方面进行相应的比对和分析思考，找寻出所画服装面料的质感特点，并将其着重强调出来。

5.1 ▶▶

用水彩表现薄纱面料

薄纱面料属于丝织物，是具有轻、薄、透等特点的面料的总称，并不特指某一种面料。薄纱面料通常编织稀松、质地透明；不同种类的薄纱，外观和质感也略有不同，如乔其纱色泽柔和、柔软飘逸，欧根纱透明度低、柔韧感好，蝉翼纱质地挺括、韧性好。

5.1.1 薄纱面料的表现

在绘制薄纱面料时，常用透出底层皮肤的方式来表现薄纱的透明或半透明效果。首先，绘制出皮肤的肤色，然后在已画肤色的基础上进行适当叠色，叠色时需要预先考虑叠色后会产生的色彩变化。

不同薄纱面料质地的差异可以通过铅笔起稿进行相应的体现，如乔其纱可以用随意性稍强的线条进行表现。同时，纱料交叠层次的细致表现也是薄纱面料质感表现的重点。浅色的纱料，交叠的层次越多，颜色就越浅；深色的纱料，交叠的层次越多，叠加部位的颜色就越深。

案例：红色薄纱长裙

01 用铅笔起稿，画出模特的站立动态，注意人体的重心位置及肢体的前后关系。

02 用铅笔画出模特的五官、发型、长裙、鞋子及配饰细节，注意服装和人体的关系。

03 用肉色调和微量朱红色和大量水，用薄薄的一层颜色来绘制肤色。用中黄色加大量水绘制出头发的底色。

04 在肤色的基础上加入少量的赭石和朱红色，进一步强调面部、脖颈和胳膊的体积感。用土黄色调和赭石来绘制头发。

05 待面部底色干透后，对面部五官进行细致的刻画。同样，待头发底色干透后，再用深红色调和少许紫色绘制头发的暗部，绘制时注意表现出头发的层次。

06 用大红色调和少量玫红色，再加入少许柠檬黄，用大量水稀释，薄薄地绘制出裙子的底色。

07 在上一步调和的颜色的基础上，加入少量的紫色和深红色，绘制出胸前蝴蝶结的底色。

08 在蝴蝶结底色的基础上加入深红色调和，笔尖适当控水，细致地刻画蝴蝶结。在裙子底色的基础上加入少量大红色并调和部分蝴蝶结的红色，从裙子肩部进行刻画。铺色时要层层递进，边缘及合适的位置要隐约透出皮肤，以体现薄纱面料的质感。

09 对红裙进行大面积叠色处理，同时进一步强调裙摆的暗部和投影，增强立体感。

10 深入刻画红裙的褶皱部分，用较轻的笔触整理出薄纱的褶皱。注意，层叠次数不同，褶皱的深浅也不同。对耳饰进行细致的刻画，并用高光提亮。

11 用暗肤色绘制脚部，增强脚部的立体感。调出鞋子的颜色，进行细致刻画，注意立体感的表现。

12 继续深化红裙细节，薄纱面料的质感通过部分位置的若隐若现以及边缘虚化的手法进行体现。

13 用高光笔点出高光珠片，注意高光点的大小及疏密关系。深入调整画面，整理细节，完成绘制。

5.2 ▸▸

用水彩表现丝绸面料

丝绸面料和薄纱面料一样，同属丝织物，丝绸面料拥有光亮与柔软的表面，质感光滑，在绘画中常用明显的高光与反光来表现。高光通常采用留白的方法来形成，反光则通过叠色来表现。丝绸面料的垂坠感较好，容易产生大量的褶皱，和薄纱细碎的褶皱相比，丝绸褶皱流畅、转折圆润、方向性强，所以在绘制时，对褶皱的取舍和整理非常关键。

5.2.1 丝绸面料的表现

和薄纱面料一样，在进行丝绸面料的绘制表现时，在起稿阶段就需要通过圆润且有韧性的流畅线条表现出丝绸的形态，同时注意处理好褶皱的大小、多少、分布位置及大致走向。

在着色时，要注意画面光影关系的表现，从始至终都要对明暗关系有着比较明确的概括和归纳，以免陷入因刻画褶皱细节而使整体关系显得异常杂乱的尴尬境地。同时还要注意，明暗关系要符合人体结构的转折，着色要从人体的大转折处入手，将更有助于整体体积感的体现。

案例：抹胸大裙摆礼服

01 用铅笔起稿，画出模特的动态、五官及配饰，在人体的基础上绘制出服装的大廓形并进行细化。注意服装与人体的关系。

02 用肉色调和少量朱红色和大量水，浅浅地绘制出肤色。在肤色的基础上加入少量的赭石和朱红色，进一步强调面部、五官、脖颈和胳膊的立体感。

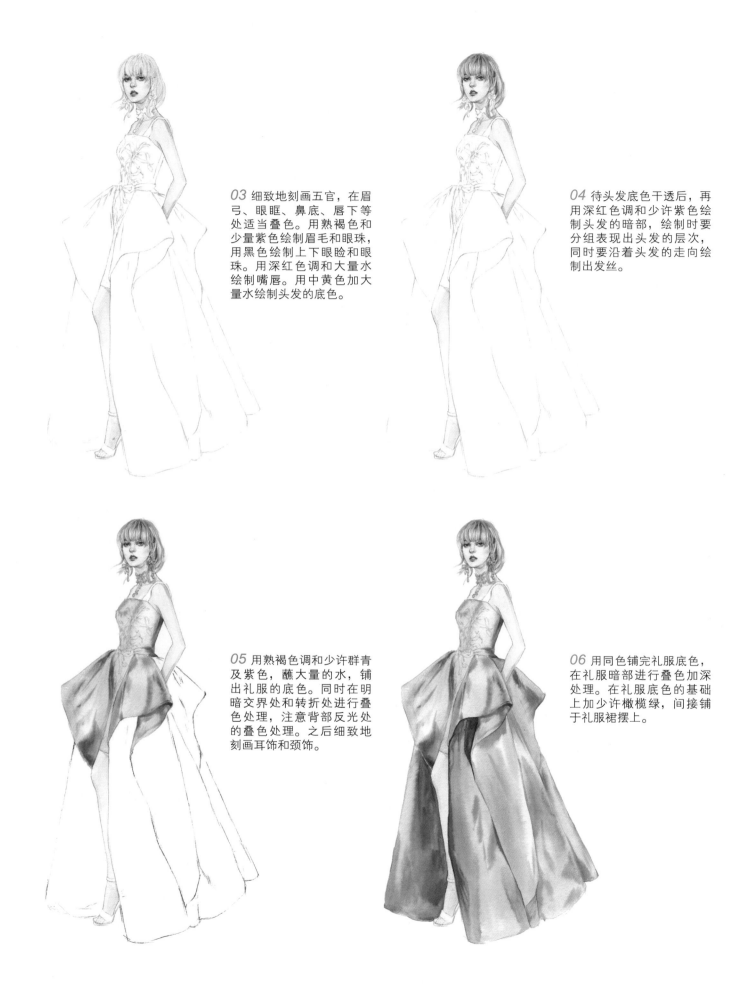

03 细致地刻画五官，在眉弓、眼眶、鼻底、唇下等处适当叠色。用熟褐色和少量紫色绘制眉毛和眼珠，用黑色绘制上下眼睑和眼珠。用深红色调和大量水绘制嘴唇。用中黄色加大量水绘制头发的底色。

04 待头发底色干透后，再用深红色调和少许紫色绘制头发的暗部，绘制时要分组表现出头发的层次，同时要沿着头发的走向绘制出发丝。

05 用熟褐色调和少许群青及紫色，蘸大量的水，铺出礼服的底色。同时在明暗交界处和转折处进行叠色处理，注意背部反光处的叠色处理。之后细致地刻画耳饰和颈饰。

06 用同色铺完礼服底色，在礼服暗部进行叠色加深处理。在礼服底色的基础上加少许橄榄绿，间接铺于礼服裙摆上。

07 细致地刻画出上身肩带及胸腰处的装饰，注意其细微形态和立体感的表现。用高光笔给耳饰和颈饰上的珠宝点高光，以表现珠宝的质感。

08 用高光笔细致地刻画腰部的接缝，画出丝绸面料的高光。用深色加深礼服面料的暗部，在关键投影处进行相应的强调。修饰画面细节，调整整体关系，完成绘制。

5.3 ▶▶
用水彩表现针织面料

针织面料分为裁剪类针织和成形类针织两大类。裁剪类针织面料是指在针织机上织成筒布再进行裁剪，常用于运动衫、T恤和内衣。裁剪类针织面料质地柔软、色泽温和、纹理较为细腻。成形类针织是各种纱线经由手工或机器直接编织而成的，制作时直接进行缝合，不用再次裁剪，常见于各式毛衫、开衫和套头毛衣，尤其是粗棒针的毛衣。成形类针织面料有着较为清晰的发辫状肌理，不同的编织法和不同材质的纱线，会形成不同的效果。

5.3.1 针织面料的表现

和普通面料不同，针织面料采用线圈串钩的方式进行编织，因此质地较为柔软，面料的弹性较大。

相较于成形类针织面料，裁剪类针织面料的纱线一般都比较细腻，面料的弹性更大，即使不在服装上进行结构设计，也很容易贴合身体，所以，在进行绘制时，只需要表现出贴身的状态即可，不需要刻意表现出面料肌理。

成形类针织面料因为采用不同材质的纱线和不同的编织手法，外观效果与裁剪类针织面料相比有明显的差异，所以在进行绘制时需要细致地刻画出织物的织纹、肌理。

案例：长款针织开衫

02 用肉色调和少量朱红色和大量水，浅浅地绘制出肤色。

04 用熟褐色和少量紫色加水调和，绘制出头发的底色，同时注意头部立体感的表现。按眉毛走势简单地勾画眉毛，平涂耳饰。

01 用铅笔起稿，画出模特的动态、五官及配饰，绘制出服装的大廓形并进行细化。服装面料较为松软，注意线条的运用与表现。

03 在肤色的基础上加入少许赭石和朱红色，进一步强调面部、五官、脖颈和手的立体感。

05 深入刻画五官，在眉弓下方、眼眶、鼻底、唇下等处适当叠色。细致地绘制眉毛，用绿色绘制眼珠，用黑色绘制瞳孔和上下眼睑。用深红色调和水绘制嘴唇。用中黄色加少量赭石和紫色，调和大量的水，用大笔触快速地铺出针织开衫的底色。颜色未干时可在暗部进行叠色。在针织开衫底色的基础上加大量水和少量紫色进行调和，给高领薄毛衣铺色。

07 用暗部的深色加少量紫色和大量水调和，勾勒出针织开衫的条纹肌理。注意，肌理随形体的变化进行相应的变化转折。在高领薄毛衣底色的基础上加少量赭石和紫色调和，调出的颜色显得薄透，在铺色时注意胸部的表现，同时注意褶皱和开衫投影的表达。

06 在上一步调好的颜色中多加一点赭石和紫色，将画笔适当地控水，趁底色未干，继续加深针织开衫的暗部和投影，使其和底色之间能够自然融合。整理出褶皱，注意褶皱的形态变化。

08 用柠檬黄、中黄色、橙色、土红色、少量熟褐色和赭石调和出颈部挂饰所需配色，并进行深入刻画。刻画时注意配饰立体感的表现。用调出的部分颜色绘制针织开衫袖口育克，同时注意立体感的表达。

09 用柠檬黄、中黄色加少量赭石和紫色，调和大量的水，用大笔触快速铺出长裤的底色。趁颜色未干在裤子的暗部进行叠色，大致区分出裤子的明暗关系。

10 在上一步颜色的基础上加入少量橘色、紫色进行调和，将笔上的水适当控干，绘制出裤子的暗部及相应的褶皱，加入少量黑色调和，对关键部位进行强调，以更好地体现前后关系。用橙色、中黄色加入少量赭石、土黄色调和，画出腰带的底色，并在部分位置进行叠色，给鞋子铺色。

11 深入刻画腰带不规则的方形纹理，注意腰头金属搭扣的刻画并添加高光。深入刻画袖口育克、开衫衣扣及裤缝位置。整理细节，完成绘制。

5.4 ▸▸
用水彩表现牛仔面料

牛仔面料是一种质地紧密、厚实耐磨，并且表面有着较为清晰的斜向纹理的面料。牛仔面料以全棉为主，后发展为采用多种原料，如棉、毛、丝、麻等天然纤维混纺物，也有化纤混纺物，以及弹力纱、紧捻纱、花式纱等。牛仔面料多为浅蓝、蓝、黑等色，有多种不同的加工工艺和后整理工序，主要有酵素、石磨、喷沙、猫须、硅油、漂色、套色、雪花洗。

5.4.1 牛仔面料的表现

　　牛仔面料最早是给美国淘金工人制作工作服的用料，因十分切合工人的需求而迅速受到欢迎，由此引发了一连串的演变。不管怎么演变，牛仔服至今都保留着其标志性特征：缝纫线迹。为保持衣物坚固耐穿，牛仔面料的接缝处常用双线或握手缝的工艺进行加固处理，同时清晰明亮的线迹也具有很强的装饰感。

　　在绘制牛仔面料时，牛仔面料的斜纹肌理不一定要绘制出来，但接缝处加固的明线以及由加固引起的细碎褶皱需要细致地刻画和描绘，这样做是为了更好地表现面料质感和突出设计细节。

　　案例：黑色牛仔拼接外套

02 用肉色调和少量朱红色和大量水，浅浅地绘制出肤色，在眉弓、眼眶、鼻底、唇下、颈部等处适当叠色增强立体感。

04 在头发底色的基础上加入赭石和黑色调和，绘制头发暗部。绘制时注意头发的层次感和头部整体的立体感。

01 用铅笔起稿，画出模特的走姿动态、五官及发型，绘制出服装和手提包的廓形并细化。

03 用熟褐色和少量紫色加水调和，绘制出头发的底色。细致地绘制眉毛，用深灰色绘制眼珠，用黑色绘制瞳孔和上下眼睑。用深红色加水调和绘制嘴唇。

05 用黑色调和适量的水，以大笔触绘制出拼接外套黑色牛仔部分的底色和黑色内搭衣服的底色。因黑色牛仔和内搭衣服的固有色较深，颜色要尽量饱和。

07 深入刻画黑色牛仔面料，画出面料接缝处的细节。用黑色调和微量紫色和水绘制金属腰带暗部，用灰色和银色调和绘制金属腰带亮部，注意中间色的过渡处理。用高光液加少量银色绘制高光和腰带上的字母，处理好腰带的金属质感。适当控干笔上的水分，用灰色加微量蓝色和大量白色调和，画出零乱不规则的牛仔毛边，注意长短的区分。

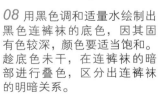

06 趁底色未干，继续叠色以加深固有色，并在暗部着重叠色，区分出明暗关系。叠色时注意细节部位的处理和刻画，如腰带扣袢、小口袋，用少量灰白色处理边角细节，并绘制出牛仔的水洗效果。用浅灰色绘制千鸟格面料的暗部和衣领投影。

08 用黑色调和适量水绘制出黑色连裤袜的底色，因其固有色较深，颜色要适当饱和。趁底色未干，在连裤袜的暗部进行叠色，区分出连裤袜的明暗关系。

09 用连裤袜的颜色绘制出鞋子和装饰脚环的底色。用黑色加适量水细化黑色手提包，注意手提包立体感和皮质质感的表现，同时注意包上铜质金属配饰和铆钉装饰质感的表现。用铅笔在外套上标出千鸟格的排列位置。

10 按千鸟格的排列和分布位置逐个刻画，刻画时仔细观察千鸟格图案的形态特征，注意大小和虚实变化。添加千鸟格和黑色牛仔面料边角处的毛边，注意长短和虚实变化。

11 用蓝灰色画出鞋子和脚环的铆钉装饰，用高光液给衣服、银灰色金属腰带、手提包、铜质金属配件和金属铆钉添加高光，增强质感。整理细节，完成绘制。

5.5

▶▶

用水彩表现毛呢面料

毛呢面料，是对用各类羊毛、羊绒织成的织物的泛称，是秋冬季服装的主角，温软、厚实的质地总能在寒冷的天气中给人以温暖。毛呢面料有精纺和粗纺之分。精纺毛呢面料常适用于制作礼服、西装、大衣等正规、高档的服装；粗纺毛呢面料质地厚实，用此材料制作的服装外形挺括。毛呢面料的优点是防皱耐磨、手感柔软、高雅挺括、富有弹性、保暖性强。缺点主要是洗涤较为困难，需要进行干洗。

5.5.1 毛呢面料的表现

由于原材料和纺织工艺不同，毛呢面料也被细分成了多种类型，例如，比较平滑的精纺西装呢、较为精细的细花呢、花色混杂粗糙的粗花呢、有特殊肌理或纹理的人字呢、细腻的华达呢和质朴的海军呢。相较于其他服装，呢料服装质地厚实、外形挺括，因此这类服装很少出现细碎的褶皱，所形成的褶皱通常又深又长并且数量稀少。

由于毛呢面料比较厚重、硬挺，因此在时装画中，此类面料常与较为简洁的款式相搭配。在绘制毛呢面料时装时，要着重表现面料的质感和编织的混色纹理。

案例：长款系腰驼色毛呢大衣

02 用肉色调和微量朱红色加大量水，浅浅地绘制出肤色，在眉弓、眼眶、鼻底、唇下、颈部等处适当地叠色，以增强立体感。

01 用铅笔起稿，画出模特的走姿动态、五官、发型、耳饰及毛呢大衣款式。注意系腰处的细节和插兜状态的表达。

03 用熟褐色和少量紫色加水调和，绘制出头发的底色，并浅浅地绘制出眉毛，用黑色绘制上下眼睑。用中黄色加少量橙色再加水调和，绘制耳饰底色。

04 在头发底色的基础上加入赭石和黑色调和，绘制头发暗部，加少许蓝色及大量水绘制头发亮部。绘制时注意头部立体感的表现。深入刻画五官，按眉毛走向细化眉毛，用灰绿色绘制眼珠，用黑色绘制瞳孔、上下眼睑及上下睫毛。用深红色调和大量水绘制嘴唇。用白墨水点出瞳孔和下嘴唇的高光。将服装边缘的投影加重，拉开服装和人体的层次。

05 用黑色调和少许水绘制内层衣服底色，在毛呢大衣接触的位置加深颜色。用土黄色调少量橘色和微量紫色，绘制毛呢大衣的底色。铺色时注意颜色的自然过渡，在褶皱位置和暗部适当叠色。

06 用柠檬黄、中黄色和微量橘色调和画出枪挡处的底色。用橘色和土黄色调和，绘制出袖子拼接处和腰带处的底色，适当留出高光。用黑色调和大量水，绘制出长筒靴的底色，注意前后脚的主次关系和深浅变化，并且适当叠色，画出靴子暗部。

07 在毛呢大衣底色的基础上，加入橘色和土黄色调和，勾画出褶皱、暗部和投影形态，区分明暗关系，增强立体感。加重腰带和袖子拼接处的暗部和投影，褶皱位置通过叠色进行强调，勾勒出腰带的绗缝线，注意虚实变化。枪挡部位的褶皱通过叠色进行加深，并加重暗部和投影。然后细化耳饰。

08 细化袖祥和肩章,加深投影。认真塑造肩章和枪挡处的扣子,留出高光增强立体感。继续对长筒靴进行叠色加深,向后伸的靴子适当强调其褶皱和立体感。

09 用高光液给衣服口袋处、手肘褶皱处、领子翻折处和腰带系扎处添加高光。在脚底晕色添加投影,调整细节,完成绘制。

5.6 ▶▶

用水彩表现皮草面料

皮草面料由各种不同的动物毛皮构成，不同的动物毛皮外观形态也不尽相同。通常皮草面料可以分为三类：长毛皮草、短毛皮草和剪绒皮草。长毛皮草如狐狸毛、獭兔毛、驼毛羊羔毛等，毛量丰厚、质地柔软；短毛皮草如水貂毛、马毛等，质地较硬、光泽感好；剪绒皮草如羊毛剪绒、兔毛剪绒等，在制作面料时，会剪去较长且有光泽的粗毛，留下柔软细腻的绒毛，质地密实，保暖性好。

5.6.1 皮草面料的表现

在服装设计中，皮草除了被大面积使用，还常用于领口、袖口或下摆等处的点缀。皮草和皮革以及皮草和其他面料的拼接方式，也早已成为许多服装设计师进行设计创作的源泉。

皮草的绘制要注意遵循毛的生长方向和规律，不能杂乱无章，要注意根据不同皮草的形态来选择用笔的方式。长毛皮草蓬松自然，可用长顺直线及规则的笔触进行表现；短毛皮草质地较硬，可以用不规则的参差短线进行表现；剪绒皮草可以用短弧线或打圈线条进行表现。在绘制皮草时，也要将其看作一个整体，要着重表现大的转折和明暗关系。

案例：带皮草披肩绿色套装

02 用肉色调和少量朱红色加大量水，浅浅地绘制出肤色，在眉弓、眼眶、鼻底、唇下、颈部等处适当叠色，增强立体感。用熟褐色加少量紫色再加水调和，绘制出头发的底色。

01 用铅笔起稿，表现出模特的走姿动态、服装款式，以及五官及发型，并绘制出手提包的廓形。

03 按眉毛走势细致地绘制眉毛，用褐色绘制眼珠，用黑色绘制瞳孔、上下眼睑和睫毛。用赭石色调和大红色、橘色绘制眼影。用深红色调和少许紫色和大量水绘制嘴唇。

04 用青绿、橄榄绿和微量的黄色调和，铺出服装的底色，给裙子这样的块面铺色要认真、仔细。

05 用黑色和适量的水调和，铺出服装的黑色部分和鞋子底色。铺色时适当叠色以区分明暗关系，增强立体感。

06 用灰色和少量橄榄绿调和，给手提包铺底色。用黄色和少量褐色、橘色调和，铺出皮草披肩的底色。

07 画出耳饰，在绿色服装底色的基础上加少量橄榄绿调和，绘制服装暗部、投影和褶皱，注意立体感的表现。

09 用黑色画出皮草上的绑带，
细化服装细节，并用高光笔给衣
服和皮草添加高光。在脚底晕色
并添加投影和背景，调整细节，
完成绘制。

08 在皮草底色的基础上加少量
褐色和紫色调和，根据毛发的生
长方向和规律，按组绘制出皮草。

5.7 ▶▶
用水彩表现羽绒面料

羽绒服是内充羽绒的服装，外形庞大圆润，具有重量轻、质地软、保暖性能好、蓬松度高的特点，多为寒冷地区人们的穿着，也为极地考察人员所常用。在棉花、羊毛、蚕丝和羽绒四大天然保暖材料中，羽绒的保暖性能最佳。相较于其他面料，羽绒因其星朵状的结构具有优良的保暖性，加之羽绒又充满弹性，所以它的轻盈、蓬松度较棉花和羊毛等材料都要高得多，其特有的结构也不易产生纤维板结现象。

5.7.1 羽绒面料的表现

制作羽绒服的材料主要有填充物和涂层织物。羽绒服中的填充物，最常见的是鹅绒和鸭绒，这两种绒按颜色划分，又可分为白绒和灰绒。鹅绒：绒朵大、羽梗小、品质佳、弹性足、保暖性强；鸭绒：绒朵小、羽梗较鹅绒差，但品质、弹性和保暖性都很强；一般来说，相同质量和含绒量的鹅绒比鸭绒的保暖性、蓬松度好。

羽绒服的涂层织物有三种面料类型：防水型涂层（覆膜）面料、高密度防水面料、普通梭织面料加防绒布。这三种面料类型使羽绒服具有防露 / 钻绒、防渗水的性能。

在绘制羽绒面料时要注意把握三点：羽绒服纫缝处褶皱线条的表现、羽绒服蓬松质感的表现和光影效果明暗关系的准确表达。

案例：长款橘色羽绒大衣

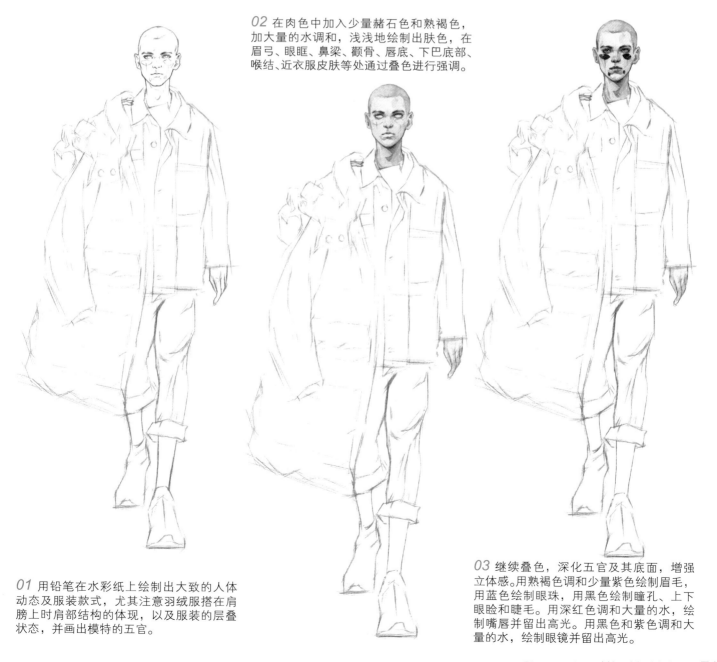

02 在肉色中加入少量赭石色和熟褐色，加大量的水调和，浅浅地绘制出肤色，在眉弓、眼眶、鼻梁、颧骨、唇底、下巴底部、喉结、近衣服皮肤等处通过叠色进行强调。

01 用铅笔在水彩纸上绘制出大致的人体动态及服装款式，尤其注意羽绒服搭在肩膀上时肩部结构的体现，以及服装的层叠状态，并画出模特的五官。

03 继续叠色，深化五官及其底面，增强立体感。用熟褐色调和少量紫色绘制眉毛，用蓝色绘制眼珠，用黑色绘制瞳孔、上下眼睑和睫毛。用深红色调和大量的水，绘制嘴唇并留出高光。用黑色和紫色调和大量的水，绘制眼镜并留出高光。

04 用橄榄绿加少量黄色调和，铺出绿色套装的底色，适当叠色以区分明暗关系。用橘色和微量黄色加水调和，以大笔触铺出羽绒服的底色。用调出的颜色铺出袜子和鞋子的底色，注意颜色的过渡。

05 通过叠色加深羽绒服绗缝处的褶皱，以及羽绒服的暗部和投影，以表现出羽绒服蓬松的质感和光影效果。

06 加深绿色套装的暗部和投影，强调服装的结构、转折和褶皱。加深羽绒服的暗部和投影，细化羽绒服，尤其加深绗缝处的线迹及褶皱。

07 继续给鞋子叠色以加深颜色，细化鞋子细节。在细化时，注意鞋子的前后主次关系，注意立体感的塑造。

08 细化羽绒服的扣子，画出扣子和羽绒服的高光，用浅紫灰色铺出投影和背景。整理细节，完成绘制。

5.8 ▶▶
用水彩表现格纹面料

条纹和格纹图案是时尚舞台永不过时的经典元素，在时装图案中总会占据一席之地。经典的苏格兰格子、海军条、棋盘格等图案，魅力在于多种色块和不同大小、比例的组合，只需稍微调整一下配色、大小以及组合方式，就可以衍生出一款新的样式，形成完全不同于以往的艺术风格，简洁而实用。

5.8.1 格纹面料的表现

不同的条纹和格纹各有特色。例如，传统的苏格兰格子依靠不同色彩、宽窄的纱线形成多变的效果；海军条纹通过条纹的宽窄、疏密产生丰富的变化；棋盘格纵横的格纹十分有规律。

在绘制格纹和条纹时，首先，要注意色彩之间的相互搭配和格纹宽窄、疏密的变化；其次，要注意条纹和格纹纹理会受到人体结构转折、服装纱线和褶皱起伏的影响而产生明显变化，条纹和格纹纹理要根据具体情况进行相应的变化，千万不要将纹理画得横平竖直，只有这样，所表现出的纹理才能生动自然、多变，而不显僵硬、呆板。

案例：长款格纹针织开衫

02 用肉色调和少许朱红色加大量水，浅浅地绘制出肤色，在此基础上加入调和的少量浅粉色，绘制头发底色。

01 用铅笔绘制线稿，画出模特的走姿动态，以及服装、手包及配饰，并画出模特的五官与发型。

03 眉弓、眼眶、鼻侧、鼻底、唇下、颈部投影及锁骨部位，通过叠色进行加重，增强立体感。

04 用绿色画出眼珠，用黑色画上下眼睑和睫毛，用红色调和适量的水画出唇色。用黄色加微量紫色铺出长款针织开衫的底色。用紫色加少量褐色调和，画出内衣的底色，叠色以区分明暗，表现出立体感。用朱红色加大量水调和，画出裤子的底色。用朱红色加微量紫色调和，细致地画头发，暗部要加重，注意立体感的表现。同时，铺出耳饰和颈部挂饰的颜色。

05 用黑色和紫色调和，画出内衣上的蕾丝花纹，注意胸部立体感的表现。细化颈部挂饰，按颈绳结构画出暗部并留出高光，简单地表现挂饰毛穗。

06 细化颈部挂饰，用黑色画出开衫装饰边，简单地给手包铺色并细致地画出包袋花纹。用浅灰色勾出针织开衫方格的具体位置，并简单地勾勒裤子的纹理细节。

07 继续用浅灰色勾勒针织开衫的
方格，勾勒时注意线条的粗细和虚
实变化。

08 用黑色、黄色、红色给方格填色，
填色时注意明暗关系和深浅变化。
用黄色、橘色、绿色、黑色调和适
量的水，画出皮草的底色，注意颜
色间的过渡。

09 当给针织开衫方格填色完毕
后，用笔加深皮草暗部颜色并按
组画出皮草的毛针。用高光笔给
头发、衣服和配饰加高光。整理
细节，完成绘制。

5.9 ▶▶

用水彩表现印花面料

随着面料加工和数码印染技术的发展和进步，尤其是数码印花技术的普及，印花面料越来越受到设计师的青睐，使用数码印花也成为设计师最为常用的设计手段。在服装设计中，最常使用的是定位印花和循环印花两种印花方式。相较于传统印花面料，数码印花面料呈现出的图案精致细腻、层次丰富、图案多样、还原度高、装饰性强，这些特性使得设计师可以最大限度地发挥自己的想象力进行设计创作。同时，数码印染技术的进步和普及，也使得数码图案设计成为服装设计不可或缺的一环。

5.9.1　印花面料的表现

在绘制印花时，要注意印花本身的色彩搭配、主次关系、图案和服装的结合方式，以及人体运动和服装褶皱对印花的影响。为了更好地突出印花图案，使其成为画面的视觉中心，可以适当弱化服装的明暗关系，减少褶皱的数量。

在服装设计中，如果印花图案面积较大或者印花图案比较复杂，设计师往往会将印花作为设计重点，服装会尽量使用简洁而平整的款式，这样才更有利于印花图案的充分展示。

案例：紫色花卉外套

02 用肉色调和微量朱红色加大量水，铺出肤色，在眉弓、眼眶、鼻子、唇下、颈部、耳朵等处适当叠色，增强立体感。

01 用铅笔起稿，画出模特的走姿动态（注意重心）、五官、发型及服装廓形，并细化相应的服装细节。

03 用赭石色、中黄色和少量紫色加大量水调和，绘制头发，适当叠色画出头发暗部。简单地画出眉毛的形，勾勒出上下眼睑，画出嘴唇的底色。在腿部投影和暗部叠色，以增强立体感。

04 继续在面部叠色，深化五官，增强立体感。用熟褐色调和微量紫色画出眉毛，用深绿色画出眼珠，用黑色画瞳孔、上下眼睑和睫毛。之后细化嘴唇并点出唇部高光。

06 铺出绿色袜子的底色，并适当叠色以增强立体感。用洋红色和少量紫色加大量水调和，用大笔触给粉紫色外套铺底色并适当叠色。

05 用橄榄绿加少量黄色和微量紫色调和，铺出绿色裙子的底色，在适当的位置叠色，如褶皱、暗部和投影等位置，以增强立体感。

07 在上一步调好的颜色的基础上多加入一些红色和紫色，画笔适当控水，趁外套底色未干继续加重暗部，使其和底色自然融合。整理出褶皱，注意褶皱的形态变化。继续加重裙子暗部和投影。细化颈部的紫色珠饰，用高光笔点出高光，用浅暖灰给颈部系带上色并留出高光。

08 细化服装细节。用深绿色勾勒出绿色连衣裙下摆蕾丝的镂空细节和袜子的条纹，并适当强调暗部和投影。用深绿色和紫色调和，大致勾勒出外套上的花卉印花，注意花的形态特征和疏密关系，同时注意颜色的深浅、灰度变化。用熟褐色加赭石色和少量紫色调和画鞋子，适当叠色，注意立体感的表现和前后鞋子的区分。

09 深入刻画外套上的花卉印花，画出外套的针织螺纹下摆，完善服装小细节并加深暗部和投影。适当强调鞋子转折部位和暗部，强调颈部装饰带的暗部和投影。

10 用高光笔给外套印花、外套、鞋子添加高光，并调整相应的细节。用灰色在模特脚底添加投影，修饰画面细节，调整整体关系，完成绘制。

蕾丝面料由不同质地、色彩的纱线编织而成，一般质地较为轻薄、通透。传统的蕾丝具有镂空的纹理结构，是用钩针进行手工编织的一种装饰性面料。18世纪，欧洲宫廷和贵族男性在袖口、领襟和袜沿等处大量使用蕾丝面料。如今，蕾丝已成为女性日常生活中的时尚，被广泛用于女性的贴身衣物、晚礼服和婚纱。

5.10.1 蕾丝面料的表现

蕾丝面料属工艺装饰性面料，按工艺类别划分，分为经编蕾丝、绣花蕾丝和复合蕾丝三种；按面料成分划分，分为无弹力蕾丝面料和有弹力蕾丝面料。蕾丝的图案丰富多样，有结构繁复的独立图案，也有四方连续的重复图案。既可手工编织，又可机械加工。在服装设计中，不仅可以用于小面积装饰，而且可以进行大面积使用。

在绘制蕾丝面料时，要注意区分图案中花朵的主与次，做到主次有别，在刻画时对主要的花朵进行细致刻画，对次要的花朵进行粗略的描绘。同时也要注意蕾丝面料有一定的厚度，属于立体面料，所以在绘制时需要对暗面和投影进行细致描绘。

案例：露肩黑色蕾丝连衣裙

  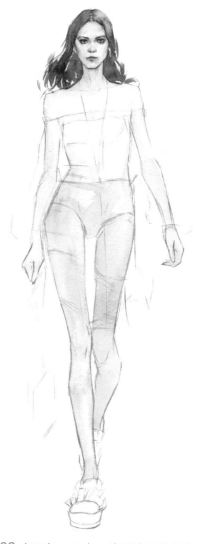

01 用铅笔画线稿，画出模特的走姿动态，注意人体的基本比例及人体动态的准确性。画出发型和五官，细化鞋子。画出服装和手提包的廓形。

02 用肉色调和少许朱红色加大量水，浅浅地给全身皮肤铺色。注意胸腰部皮肤因着纱质蕾丝长裙而呈现若隐若现的效果，所以此处皮肤应较其他皮肤颜色更浅一些。

03 在面部、五官、脖颈处继续叠色，细化五官，增强立体感。用熟褐色调和少许紫色画出眉毛，用深灰色画眼珠，用黑色画瞳孔和上下眼睑，用红色画嘴唇。用熟褐色、赭石色和少量紫色加水调和，铺出头发的底色，用笔要生动、自然，在部分位置叠色。

04 在头发底色的基础上加入赭石色和黑色调和，画头发暗部，注意头发的层次感和头部的整体立体感。用调出的深肤色对人体关键部位及转折处进行相应的加深强调，如下巴在脖子上的投影、头发在肩部的投影，以及锁骨、膝盖等位置。注意腿部要塑造出圆柱形的立体感。

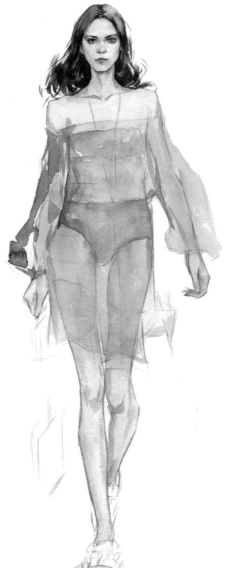

05 用黑色加微量蓝色调和大量的水，浅浅地铺出裙子的底色。铺色时注意用笔和笔触的变化，同时注意留白。

06 趁裙子底色未干，用稍深的黑色画深色抹胸、底裤和深色裙摆，并在暗部进行叠色，大致区分出明暗关系。画出袖子暗部并进行适当的叠色处理，用颜色的深浅对比和皮肤的若隐若现，更好地表现薄纱面料的薄透质感，画出胸部松紧荷叶窄边。

07 将笔上的水分适当控干，加
入适量黑色调和，画出薄纱面料
上的蕾丝花朵图案。在绘制花朵
图案时，注意花朵的具体结构和
形态特征，用色时颜色要有深浅
变化。用大色块铺出手提包和鞋
子的颜色，注重立体感的表达。

08 对关键部位进行强调，画出鞋
子的投影，腿部背景用淡紫灰色晕
色处理。最后整理细节，完成绘制。

▸Chapter

06 服装款式单品表现

按照基本款式分类，可以将时装分为礼服、西装、外套、夹克、裙装、裤装、配饰等多种不同的款式。不同的款式不仅风格与穿着方式不同，而且面料、制作工艺也有所不同。在进行时装画创作表现时，首先要分析服装的风格和款式，找出服装款式的基本特点和象征意义，采用相应的表现手法，将其鲜明地表现出来。

6.1 ▸▸
用马克笔表现礼服

礼服属于一种社交服装，是在庄重场合或郑重仪式上所穿的庄重且正式的服装。

在所有服装款式中，礼服是最为华丽、优雅、隆重的款式。礼服新颖的款式、奢华的面料和精湛的工艺，使得礼服设计深受时装设计师的青睐。

6.1.1 礼服的表现

　　礼服常以裙装为基本特征，使用丝绸、锦缎、薄纱等奢华面料，在款式上采用 A 形、X 形等经典样式。礼服的各种工艺，如硬衬、衬垫、裙撑、荷叶边等，在使礼服造型更加独特的同时，也让其更具艺术美感。礼服的各种装饰细节，如图案、刺绣、镶钉、褶边等，在使礼服装饰更加华丽的同时，也增添了服装的层次和丰富性。在表现造型独特的礼服时，可以强调礼服的廓形或适当夸张其款式特点；在表现装饰华丽的礼服时，可以适当弱化服装的结构或褶皱。

　　同时，需要注意的是，大多数礼服设计中应用的元素十分繁复，因此在进行礼服设计和绘制表现时要注意主次关系。

01 用铅笔画出模特的行走动态和五官的大体位置，要注意人体的重心位置以及肢体的前后关系。本例中模特的上身基本直立，向右摆胯，重心落在右腿上。

02 用铅笔画出模特的五官、发型、长裙及配饰细节。注意服装和人体的关系，在关节等重要部位用褶皱表现出人体的结构。

03 用 Copic 0.03 棕色针管笔勾勒面部、五官、手脚及裸露手臂的外轮廓。用小楷笔勾勒发丝、服装及相应的服装细节。在勾勒时要注意线条的粗细变化，通过笔触的粗细变化，表现出头部发型及服装褶皱的方向性。

04 用较浅的肤色在模特的脸部、裸露的皮肤部位、手部、脚部，以及黑纱透出的肤色部位，均匀地铺上一层肉色。

05 用较深一些的肤色依次加重眉
弓下方、鼻底、下巴底部在脖子上
的投影、颧骨下方的阴影，以及头
发、服装在皮肤上的投影，并强调
出五官、手部和脚部的立体感。用
黑色勾线笔按眉毛走势简单地画出
眉毛。注意：在对皮肤进行绘制时，
叠色过渡要尽可能柔和一些，以此
来体现皮肤细腻的质感。

06 用玫粉色画眼影和眼角内侧的
阴影，用红褐色加重眼窝和眼角，
用黑色纤维笔画出眼线和瞳孔，并
画出眉毛，注意眉头的质感。用蓝
色画眼珠，注意留出眼睛的高光。
在面颊两侧加两笔蓝色，使皮肤显
得更剔透。用红色填充嘴部，用深
红色加深嘴部两边，待颜色干透后，
用黑色勾勒嘴角和唇缝。

07 用浅黄色给头发铺底色，再用偏红的褐色进行加深，最后用深褐色在转折处进行相应的强调。用高光笔对头发高光部位进行处理。注意：要顺着头发的走向给头发上色，表现出头部的立体感。同时，为表现长发的飘逸感，可以在发型周围简单地勾勒一些发丝。

08 用赭石色加深头发的暗部，用浅褐色纤维笔在头发两边画出发丝。用较浅的暖灰色，以大笔触为裙子上色，笔触要符合人体结构和褶皱的走向，马克笔的透明度可以透出下面的肤色，表现网纱半透明的效果。用红色、黄色、绿色、粉色点出衣服上的宝石。

09 用蓝灰色画出斗篷的亮面，以及盘扣的颜色。用冷灰色画出斗篷亮面的阴影。

10 用黑色给斗篷的暗部上色，注意褶皱的走向，并留出高光。

11 用小楷笔画出裙子上的蕾丝花纹，并用黑色纤维笔画出网纱的效果。最后用高光笔添加人体和裙子上宝石的高光。用小楷勾勒出裙子上的装饰边，并给鞋子着色，要留出高光，以表现鞋子的质感。

6.2 ▸▸ 用马克笔表现西装

广义的西装指西式服装，是相对于"中式服装"而言的欧系服装。狭义的西装指西式上装或西式套装。
西装是所有服装单品中较为正式的款式之一，在造型上延续了男士礼服的基本形式，属于日常服装中精英的正统装束，适用场合甚为广泛，其影响从欧洲到国际，成为世界指导性的服装，即国际服。

6.2.1 西装的表现

西装有正式西装、休闲西装、运动西装、夹克西装之分，其中，尤以正式西装的穿着最为讲究。正式西装即成套穿着的西装，常见于各种正式、商务场合，能展现着装者良好的职业素养；休闲和夹克西装能很好地展现年轻休闲的风格；运动西装能很好地展现运动休闲的风格。

西服套装是中性风格时装画的最佳代表，既可以用精纺面料表现经典商务风格，也可以用光泽面料表现时尚精英的气质，甚至可以采用各种新型面料来表现前卫、时尚的风格。

当用马克笔表现西装时，在对西装款式特征进行强调的同时，也应注意用笔的干脆、肯定，以更好地表现出西装干练的特征。

01 用铅笔画出模特的走姿动态及五官位置，要特别注意人体各体块间的反向运动关系，并确保人体重心的稳定。在画手部时，要注意手部拿包动态的精准表达。

02 用铅笔细致地画出模特的五官、发型、手部、脚部、服装及配饰的所有细节。在画西装时，用笔要干脆、肯定，细节要表达准确，用褶皱表现手部插兜和膝盖弯曲的动态。

03 用 Copic 0.03 棕色针管笔勾勒面部、五官、手脚及裸露皮肤的外轮廓。用小楷笔勾勒发丝、服装及相应的服装配饰细节。在勾勒时，用笔要干脆、肯定，同时注意线条的粗细变化。

04 用浅色肤色笔在模特的脸部、裸露的皮肤部位、手部、脚部均匀地平铺一层底色。注意留出皮肤的高光。

06 用深色肤色笔再次加重眉弓下方、眼窝、鼻底、下巴底部在脖子上的投影、颧骨下方的阴影，以及头发、服装在皮肤上的投影，并对五官、手部和脚部的立体感进行强调。用 Copic 黑色勾线笔画出眼线、睫毛和瞳孔，并加重眉头，同时按照眉毛走势对眉毛进行绘制。用褐色马克笔画眼珠，用浅紫红为唇部上色。然后用黑色勾线笔勾勒嘴角和唇中缝，用高光笔点出瞳孔和下唇的高光。

05 用稍深一些的肤色笔依次加重眉弓下方、眼窝、鼻底、唇底、下巴底部在脖子上的投影，以及颧骨下方的阴影和额头两侧。用相同的肤色笔对锁骨部位进行强调，同时强调出五官、手部和脚部的立体感，以及服装在皮肤上的投影。

07 用褐色马克笔按发型走势为头发上色，上色时注意在高光部位进行留白处理。

08 用深褐色马克笔加深头发的暗部，并用棕色勾线笔和棕褐色彩铅对发型进行细致的刻画。用高光笔对头发的高光部位进行高光刻画。

10 用暖灰色加深西服的暗部，并整理出褶皱的形态。用红褐色塑造耳环的金属质感。

09 用米黄色以大笔触给西服铺色，给西服的亮部留白，褶皱暗部及两腿交叠处可通过叠色进行加深，右腿膝盖的形状可适当强调一下。用金黄色给耳环上色，留出金属的高光。

11 给西服加上环境色，暗部偏暖，用肉粉色上色，亮部偏冷，用浅蓝色上色，并加重西服在裤子上的投影，用浅灰色给皮包上色。

12 用黑色给内搭、手包皮带和
鞋子上色，用笔触塑造皮包和鞋
子的质感。用黑色和褐色画出纽
扣的花纹。

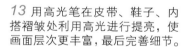

13 用高光笔在皮带、鞋子、内
搭褶皱处利用高光进行提亮，使
画面层次更丰富，最后完善细节。

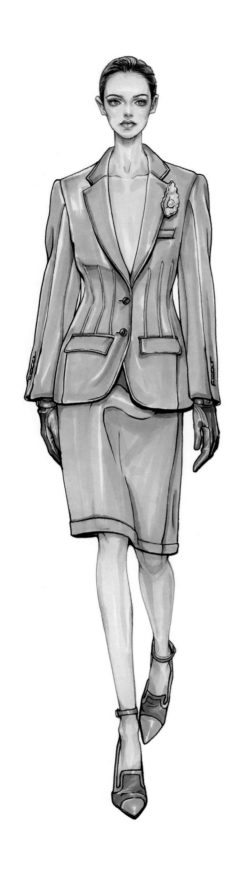

6.3 ▸▸
用马克笔表现外套

外套，又称大衣，是人们穿在最外层的服装。外套的体积一般比较大，衣袖长，在穿着时可覆盖上身的其他衣服。外套前端有纽扣或者拉链。外套一般用于保暖。

6.3.1 外套的表现

　　外套按衣长划分，可分为短外套、中长外套和长外套（大衣）。短外套：长度在臀围线附近；中长外套：长度在臀围线至膝盖之间；长外套：长度在膝盖以下（膝盖至脚踝之间）。

　　外套按季节划分，可分为春夏季外套、秋冬季外套。季节不同，外套的面料材质也会有所不同。春夏季外套面料多使用棉麻材质，少数外套采用高新科技面料。如春夏季为防紫外线辐射所穿的防紫外线衣，能有效防止紫外线对皮肤的侵害。这类服装重量轻、手感柔软，具备很强的吸水能力、透气性和一定的防风性。秋冬季外套多使用羽绒面料、皮草面料和厚重的毛呢面料，深冬季节会在防风防寒的基础上加装夹里或局部加装毛皮等附件。

01 用铅笔起稿，画出模特的动态及五官，本例模特向左摆胯，重心在左腿，注意右腿向后弯曲的透视效果。模特头向右摆动，注意五官不要画偏。

02 用铅笔画出头发、外套和鞋子。注意模特的动态与衣服的关系，要画出衣服的厚度以及关节处的褶皱变化。在表现腿部时注意体现出腿部在外套下面的形状。

03 用 Copic 棕色勾线笔勾勒头发、五官、手脚及裸露的皮肤。用小楷笔勾勒衣服、腰带和鞋子，在勾勒时要注意线条的粗细变化。勾勒完毕后用橡皮擦去铅笔稿。

05 用深肤色加深眉弓下方、额头两侧、眼角、鼻底、脸颊两侧、下巴投影和手脚关节，进一步细化皮肤质感。

04 用浅肤色为五官、手脚上色，留出眼白和皮肤的亮面，注意画出五官和手脚的立体感，以及头发在额头上、下巴在脖子上和衣服在腿上的投影。

06 用浅褐色加深眉毛，用红褐色晕染眼影。用蓝绿色画眼珠，用黑色画出瞳孔，并加深眼线。用大红色涂嘴唇，上唇颜色较深，用深褐色纤维笔勾勒出嘴角和唇中缝。在面部边缘加几笔蓝色，使皮肤看起来更加晶莹剔透。用高光笔在眼珠、鼻尖和嘴上点出高光。

08 用稍深一点的红褐色叠加颜色，加深头发的暗部，塑造头发的立体感。

07 用红褐色给头发分组上色，在头顶留出头发的高光。

09 用深褐色加深头发的暗部，使头发的质感更加强烈，并用棕色的纤维笔挑出几根发丝，增加细节，让发型显得更加生动自然。用高光笔画出头发的高光。

11 用深粉色加深外套的暗部及
投影，注意表现服装在模特身上
的结构。用深紫色画出衬衫的投
影。用蓝色和粉色继续添加鞋子
的花纹，用褐色画鞋底。

10 用粉色以大笔触给外套
铺色，注意笔触要随褶皱的
方向涂，留出外套的高光，
并用淡粉色上色。用淡紫色
给衬衣上色并用笔点出鞋子
的材质肌理。

12 用黑色勾勒出外套背光的轮
廓，用深粉色和高光笔画出外套
的材质肌理，加深鞋子的暗部，
塑造立体感和质感。

6.4 ▶▶
用马克笔表现夹克

夹克，英文 Jacket，特指款式短小有翻领的短外套，最早（14 世纪左右）是指身长到腰、长袖、开身或套头的外衣。相较于其他服装款式，夹克更便于活动和工作。

6.4.1 夹克的表现

　　随着时代和潮流的发展与进步，夹克的属性早已与之前有所不同，涵盖范围也较以前更加宽泛，除正式场合外，一切用于非正式场合的外穿服装，如短款上衣、休闲西装、运动外套，都可以称为夹克。其中，最具代表性的是皮夹克及牛仔夹克。皮夹克以飞行员皮夹克，以及好莱坞著名影星马龙·白兰度所穿着的马龙·白兰度机车皮夹克最为著名。随着潮流的发展，这两个款式单品逐渐成为青少年流行文化的符号，同时也逐渐使得夹克带有鲜明的叛逆与不羁风格，使其成为大众最喜爱的时尚单品之一。

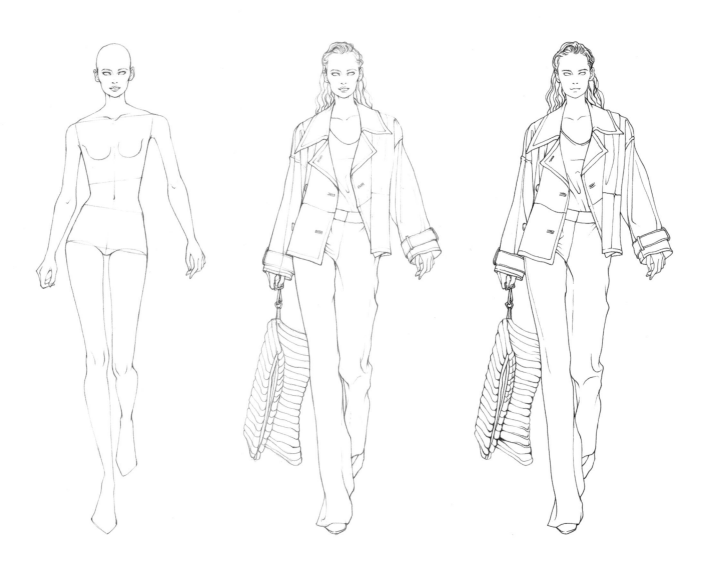

01 用铅笔起稿，画出模特的行走动态和五官的大体位置，注意人体的重心位置以及肢体的前后关系。本例模特向左摆肩，向右摆胯，重心落在右腿上。

02 用铅笔细化头发、上衣、裤子、鞋子和配饰。强调出衣服因动态产生的褶皱，以及左腿向后弯曲的动态。

03 用 Copic 棕色勾线笔勾勒出五官、手部和包。用小楷笔勾勒出头发、上衣和裤子，注意线条的粗细变化，表现出褶皱的方向性。之后用橡皮擦去除多余的铅笔稿。

04 用浅肤色给脸部、颈部和手部上色，注意留出眼白和皮肤处的高光。

06 用玫粉色画眼影和眼角内侧的阴影，用红褐色加重眼窝、眼角以及脸颊两侧。用黑色纤维笔画出眼线和瞳孔，并画出眉毛，注意眉头的质感。用红色填充嘴部，用深红色加深嘴部两边，待颜色干透后用黑色勾勒嘴角和唇中缝。用高光笔点出额头、鼻尖和脸颊上的高光。

05 用深肤色加深额头两侧、眉弓下方、眼角、鼻底、嘴底，强调衣服在脖子上和手部的投影，增强画面的层次感。

07 用冷灰色给皮衣铺色，注意留出皮衣的高光，表现皮衣的硬挺质感。用橘色以大笔触给皮裤上色，留出皮裤的高光。用藕粉色填充手包，以不同的笔触表现手包的层次。用淡粉色给背心上色。

08 用深灰色和黑色加深皮衣的暗部，塑造皮衣的质感。

10 用深橘色画出手包的暗部，强调手包的立体感。用小楷笔勾勒皮包的手环和袋口。用暖灰色给鞋子上色，留出鞋子的高光。

09 用深褐色画出皮裤的蛇纹，纹理要自然、松动，注意纹理在人体上的变形，并用深红色加深裤子的暗部。

11 用浅褐色给头发铺色，注意头发的分组和头发上的高光，并表现出头发的卷曲。用棕色纤维笔画出两侧的碎发，增加细节。

12 用深褐色加深头发的暗部，塑造头发的立体感。

13 用高光笔画出头发、皮衣、皮裤以及鞋子上的高光，
表现皮革的质感。最后完善画面。

6.5 ▶▶
用马克笔表现裙装

裙装是所有款式裙子的总称。
裙装的款式多种多样，按不同的标准可以划分为不同的类型。
按长度来划分，裙装分为超短裙、短裙、及膝裙、过膝裙、中长裙、长裙、拖地长裙。
按结构造型来划分，裙装分为 A 字裙、礼服裙、一步裙、直筒裙、紧身裙等。

6.5.1 裙装的表现

　　常见的裙装有连衣裙和半裙两种。连衣裙是最为传统的裙装款式之一，在各种款式造型中被誉为"时尚皇后"，是种类最多、最受青睐的款式。

　　连衣裙分为两大类：一体式和二部式。一体式连衣裙较为传统，上身和下裙连成一体；二部式连衣裙是借鉴男装而来的，在腰线处破开，上身和下裙可以单独设计，最后在腰线处进行对合。

　　相较于连衣裙，半裙并不受上半身结构的限制，变化相对更加自由。常见的经典半裙款式有超短裙、及膝裙、鱼尾裙等。

　　无论画哪种类型的裙装，都要充分考虑裙装与人体的关系。同时，在画半裙时要充分考虑其和上装的搭配，既可以在造型、色彩与材质等方面与上装形成强烈的对比，也可以和上装保持和谐、统一的风格。

01 用铅笔画出模特的行走动态和五官的大体位置，注意人体的重心位置以及肢体的前后关系。本例模特的上身基本直立，向左摆胯，重心落在左腿上。

02 用铅笔细致地刻画出五官的细节、头发，以及裙子和配饰。在画裙子的荷叶边时，注意褶皱随模特行走动态的变化而有所变化，要表现到位。

03 用 Copic 勾线笔勾勒五官和手脚，用小楷笔勾勒头发、裙子和配饰。在画褶皱时要通过笔触的粗细变化表现出褶皱的方向性。

04 用浅肤色为五官、脖颈、裸露皮肤和手脚上色，注意留出皮肤上的高光。在关节部位叠加颜色进行加深，使模特立体感更强。

06 用红褐色画出眉毛，强调眼窝、上下眼睑和额头两侧。用橙色柔和地过渡眼影，用蓝色画眼珠，用黑色画瞳孔并加重眼线。用玫红色涂嘴唇，上唇颜色较重，之后用棕色纤维笔勾勒出嘴角和唇中缝，并用高光笔提亮鼻尖和内眼角。

05 用深肤色加深眉弓下方、鼻子底面、颧骨下方的阴影，以及袖口和裙摆在皮肤上的投影。加深模特的膝盖关节，强调动态。

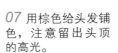

07 用棕色给头发铺色，注意留出头顶的高光。

08 用深棕色加深头发暗部，注意画出头发的立体感，用棕色纤维笔在发型两侧勾勒出几根发丝，增加细节。用高光笔画出头发上的高光。

10 将上一步的颜色进行衔接，注意颜色衔接过渡要缓和、自然。用暖灰色画出裙子的暗部和褶皱结构，增强衣服的立体感。

09 用红色、淡绿色、紫色、淡粉色画裙子和腰带上的印花图案。

11 用小楷笔画出裙子上的黑色印花，并用深灰色加深裙子的暗部。

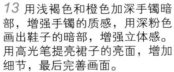

12 用淡粉色和金黄色给鞋子和手镯上色。手镯高光部位要留白，以体现金属质感。

13 用浅褐色和橙色加深手镯暗部，增强手镯的质感，用深粉色画出鞋子的暗部，增强立体感。用高光笔提亮裙子的亮面，增加细节，最后完善画面。

6.6

用马克笔表现裤装

裤装是所有款式裤子的总称。在所有服装中，裤子最容易被忽视，但其在时装中的作用却不可小觑，而且是时装设计中必不可少的单品。
按面料和外观划分，裤装可分为西裤、休闲裤、牛仔裤。
按版型和款式划分，裤装可分为紧身裤、直筒裤、阔腿裤、喇叭裤、灯笼裤、铅笔裤、裙裤等。

6.6.1　裤装的表现

　　裤装和裙装（半裙）均属下装，二者在结构设计中的区别是裤装要分别包裹着腿部。由于裤子包裹着腿部，因此，即使是非常宽松的裤子，也会受到腿部动态的影响。在设计（绘制）时，要仔细考虑胯部和裆部的形态。

　　由于男女在体型上存在着比较大的差异，所以裁剪就存在着不同的方式。男体的腰节较低，女体的腰节比男体的腰节高，这就决定了在同样的身高下，女裤的裤长和立裆长于男裤。女裤腰的凹陷比男裤的显著，女体臀腰两围度的差值也大于男体，女体比男体的后臀更丰满，侧臀更外突，臀峰比男体低，所以女裤比男裤的后省量更大、更长，后裆侧斜度更足，同时女裤腰臀外的劈势比男裤更足、更大。

　　和半裙一样，裤子可以设计得简单大方，也可以设计得夸张独特。简单大方的裤装可以低调地衬托出上衣，夸张独特的裤装对整体造型设计具有关键性作用。

01 用铅笔起稿，画出模特的人体结构和五官的位置，注意人体比例和重心。本例模特向左摆胯，重心在左腿。

02 用铅笔起稿，绘制出模特的人体结构和五官的位置，注意人体比例和重心，向左摆胯，重心在左腿。

03 用 Copic 针管笔勾勒出五官、手臂和手脚。用小楷笔勾勒出头发、上衣、裤子、鞋子和配饰，注意线条的粗细变化，表现褶皱的方向性。最后用橡皮擦去多余的铅笔稿。

04 用浅肤色给脸部、手臂、手脚及裸露的皮肤铺色。给眼部留白，并留出皮肤的亮部，以体现皮肤的质感和人体结构。

06 用红褐色加深脸部和手部投影的明暗交界线，并晕染出眼影。用褐色画出眼珠，用黑色纤维笔画出眼线和瞳孔。用褐色画出眉毛，注意眉头的质感。用红色填充嘴部，用深红色加深嘴部两边，待颜色干透后，用黑色勾勒嘴角和唇中缝。用高光笔画出脸部高光和眼影。

05 用深肤色加深头发在额头上的投影，加深眉弓下方、眼角和鼻底，以及下巴在脖子上、衣服在胳膊上的投影，强调胳膊和手部的关节。

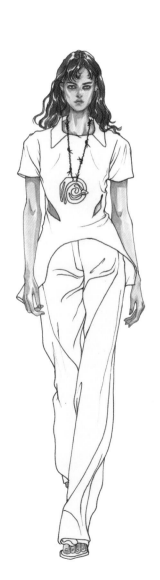

07 用褐色给头发上色，注意头发的分组，并留出头发的高光。

08 用深褐色、黑色加深头发的暗部，用红褐色强调头发的受光部分。用棕色纤维笔画出零散的碎发，增加头发的细节。

10 用深橘色加深上衣的阴影，用红褐色和深蓝色加深裤子的阴影。

09 用黄色和蓝色给上衣上色，用褐色和蓝灰色给裤子上色，注意留出裤子的高光，以更好地体现模特的走姿动态。

11 用深褐色和蓝灰色继续刻画裤子的细节，使裤子更加完善。

12 用蓝色画出上
衣领子和白色部
分的褶皱。

13 用浅灰色加深上
衣的暗部，完善上衣
细节。

14 用灰色给项链
上色，并用深灰
色继续刻画，体
现金属的质感。
用黄色和深蓝色
给鞋子上色，用
深黄色和冷灰色
加深鞋子的暗部。

6.7
用马克笔表现服装配饰

服装配饰是重要的设计元素，是款式新颖且富有时代感的服装搭配物品。配饰讲究对服装的装饰性、配套性，为服装合理地搭配配饰可以起到画龙点睛的作用。虽然着装风格是在多种因素的作用下形成的，但是单就衣服与配饰的组合而言，有时候某种风格的形成往往取决于服装配饰的造型、色彩与格调。

6.7.1 服装配饰的表现

服装配饰是时装画中不可或缺的搭配细节，常用的时装画配饰包括包包、鞋子、腰带、眼镜、帽子、珠宝、丝巾、围巾、领巾、花饰等。

在时装画中，包的表现重点在于轮廓造型和面料质感。包的轮廓造型分为硬质和软质两类。常见的包的材质有牛皮、漆皮、硬壳、布艺等。包的配件有拉链、扣盘等，常采用金属、树脂等材质。要画鞋子，首先要找准鞋楦的造型与透视，其次画出鞋子的面料肌理与装饰。鞋子分硬质和软质两种类型，常见的材质有皮革、乳胶、耐磨布料、变质材料等，装饰方法有扣袢、鞋带、分割线、拼接、印花等。画珠宝需要注意材质的特色和雕刻工艺。常见的珠宝材质有金属、光面宝石（翡翠、琥珀）、切面宝石（红宝石、砖石）、珍珠、石材（玛瑙、孔雀石）等。

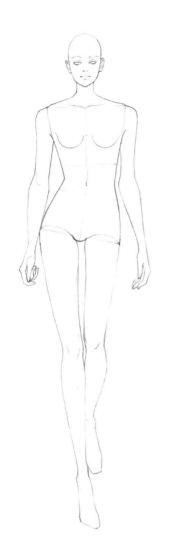

01 用铅笔起稿，画出模特的行走动态和五官的大体位置，注意人体的重心位置以及肢体的前后关系。本例模特向右摆胯，重心落在右腿上。

02 用铅笔细化头发、帽子、外套、裙子、鞋子和配饰。注意衣服和人体的关系，将裙子跟随腿部运动产生的褶皱强调出来，体现模特行走的动态。

03 用 Copic 棕色勾线笔画出五官和腿部，用黑色小楷笔勾勒出帽子、头发、衣服、鞋子和配饰。在勾勒线条时，注意线条的粗细变化。最后用橡皮擦去无用的铅笔稿。

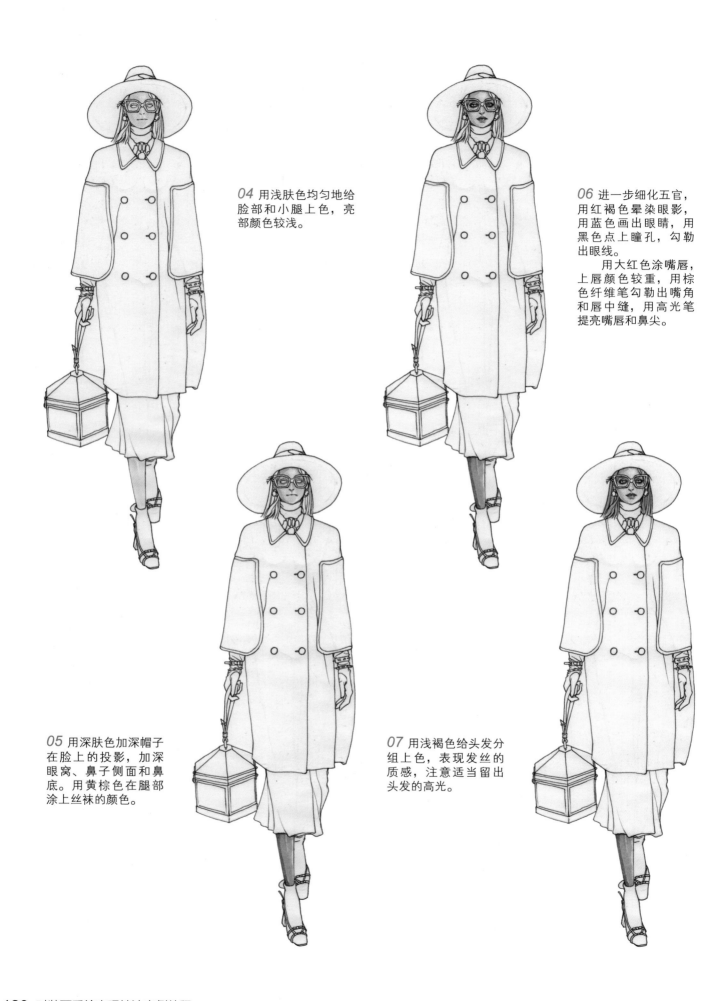

04 用浅肤色均匀地给脸部和小腿上色，亮部颜色较浅。

05 用深肤色加深帽子在脸上的投影，加深眼窝、鼻子侧面和鼻底。用黄棕色在腿部涂上丝袜的颜色。

06 进一步细化五官，用红褐色晕染眼影，用蓝色画出眼睛，用黑色点上瞳孔，勾勒出眼线。

用大红色涂嘴唇，上唇颜色较重，用棕色纤维笔勾勒出嘴角和唇中缝，用高光笔提亮嘴唇和鼻尖。

07 用浅褐色给头发分组上色，表现发丝的质感，注意适当留出头发的高光。

08 用褐色加深头发暗部颜色。

10 用浅灰色画出外套的格子花纹，注意根据人体的走势变形花纹，使衣服具有立体感。用蓝灰色画出裙子的花纹，注意通过变形花纹表现出的动态。

09 用深褐色再次加深头发的暗部，并在相应的位置进行强调，以此表现头发的立体感。
　　用高光笔和棕色纤维笔挑几根发丝，增加头发的细节。

11 用蓝灰色画出外套和裙子上的深色线条花纹，通过变形花纹表现模特的动态。然后用橘色填涂袜子。

12 用深灰色继续刻画外套和裙子的细节，表现出格子花纹的质感。

14 用浅橄榄绿给帽子的边缘和帽子装饰填色，用蓝灰色画出头发在帽子上的投影，并加重左侧帽檐，增加虚实变化。

用黄棕色给项链、耳环和手镯上色，注意留出高光，体现金属质感。

用橘色画出墨镜镜片，用高光笔点出镜片高光。

13 用深灰色加深外套和裙子的暗部，增强衣服的立体感。用黑色填充扣子，注意留出扣子的高光。

15 用蓝色画出帽子的暗部，用浅灰色给高领内搭填色，用深棕色刻画项链和耳环，塑造金属的质感，并用高光笔点出首饰的光泽。

16 用淡蓝色填充手套，留出手套的高光。用黄棕色给手镯和手包金属部分着色。用藏蓝色给手包上色，留出受光部分的高光，表现出手包的立体感。

17 用蓝灰色加深手套的阴影，并给鞋子上色，注意表现鞋子的立体感。用暖灰色加深袜子的暗部。用黑色给手镯的皮质部分和鞋带着色。用深蓝色加深皮包的暗部。用高光笔增加皮包、鞋子和衣服的细节，完善画面。

07 不同风格 时装画的表现

潮流易逝，唯风格永存。

"La mode se dmode, le style jamais."

—— Co Co Chanel

"Les modes passent, le style est téterne."

——Yves Saint Laurent

服装风格指一个时代、一个民族、一个流派或一个人的服装在形式和内容方面，所展示出来的价值取向、内在品格和艺术特色。不同的穿着场所、不同的穿着群体、不同的穿着方式，可以展现出不同的个性魅力。
服装设计追求的境界是风格的定位和设计，服装风格表现了设计师独特的创作思想和艺术追求，也反映了鲜明的时代特色。

7.1

用水彩表现民族风服装

民族风服装是一个民族在长期生活中形成的本民族的艺术特征，是由一个民族的社会结构、经济生活、风俗习惯、艺术传统等因素决定的。由于生活经历、文化教养、思想感情、创作主题和表现手法不同，不同的作品有不同的风格，民族风往往能够表现出时代的、民族的和阶级的属性。

7.1.1 民族风服装的表现

和其他服装风格相比，民族风服装总能带给人们浓浓的民族气息。民族风服装由于地域差异、风俗习惯、艺术传统的不同，无时无刻不呈现着无与伦比的多样性，这种多样性就像宝库一样，给时装设计师带来源源不断的设计灵感和思路。

如今的民族风服装设计不能再原封不动地照搬一个民族的东西，而是应该在保留民族风元素的基础上使服装更加时尚与潮流。将民族风元素进行简化与再设计，应用到时尚的款式中，增加服装的摩登感。从繁复的图案、精美的细节、匠心独到的刺绣等传统的民族手工艺等方面进行设计，体现服装的传承感，将其他带有现代感的设计元素融入其中，突出服装的与时俱进。通过设计师的重新演绎，传统的民族风元素将源源不断地焕发出新的生机。

01 用长线条勾勒出人物的动态，标出人物重心线。

02 用较硬的铅笔轻轻地勾勒出五官和服装，并且依据身体体块和动态有选择性地勾勒出服装的褶皱。

03 平铺皮肤底色，留出眼白和嘴唇。用黄色加红色再加水调和出合适的肤色，适当晕染脸部红晕，增加气色，趁湿晕染，增强人体的体块感。

04 叠加皮肤阴影，并在皮肤底色的基础上加适当的红色和蓝色。

05 局部加深皮肤阴影，初步刻画五官，铺出唇色。
　　绘制紧身内搭的花纹，注意颜色深浅和前后关系。

06 完成五官刻画，给头发铺色，发色可趁湿叠加晕染环境色，之后给鞋子铺色。

07 分组刻画头发，为显生动，可略勾勒散碎发丝，之后刻画鞋子。

08 给内搭背心铺色，先上一层浅的底色，趁颜色未干，根据褶皱形态、人体结构、叠压关系，使用明度更高、色相更明确一些的固有色晕染。外套皮草底层以重色铺色，注意虚实。

09 刻画内部背心，不要太抢外套的注意力。给外套皮草部分铺色，趁湿晕染重色，并画出绒毛的效果。

10 给皮草叠加第二层重色，塑造
立体感和纤维感。

11 最外层的皮草一次性趁湿晕染完成，先上一层浅色，再用重色
晕染，使皮草产生颜色变化。最后进行整体调整，完成画面。

在注重追求个性的现代，"复古风格"的高频率出现使得人们对其关注度不断提高。
复古风格的服装是指将古典元素巧妙地结合在现代服装设计里，在碰撞和冲突中，呼应出优雅且时尚的感觉。复古风格的服装设计，通过对经典元素的合理应用，能突出复古知性的特点，始终如一地表现女人高贵、有内涵的气韵，为知性女人的气质增添一些怀旧的神秘感。

7.2.1 复古风服装的表现

　　就服装而言，复古风格是某些款式、面料或其他方面曾经流行过，但是随着时间的推移不再流行了，或者在中西方服装史的各个时期，人们穿过的服装款式和使用过的色彩等，随着时代变迁成为历史。今天，这些古典的服装元素又被设计师重新拾起，运用到现代服装设计中。

　　设计复古风格的服装，必须以一种现代的时态来设计。在现代服装设计中，复古风格绝不是把以前的服装原封不动地拿来穿，而是一边继承，一边改良，使其满足现代人对服装的功能性与审美性的需求。通过对流行的认识，可以更好地理解复古风格，了解经典元素，用来表现设计细节。流行与复古是相依相存的，它们可以轻松完美地结合在一起，对复古风格元素的合理运用可以使服装更为时尚。

01 用长线条勾勒人物的动态，标出人物重心线。

02 用笔芯较硬的铅笔轻轻地勾勒出五官和服装，并依据身体体块和动态选择性地勾勒出服装的褶皱。

03 平铺皮肤底色，留出眼白和嘴唇。用黄色加红色再加水，调和出适合的肤色，适当晕染脸部红晕，增加气色。

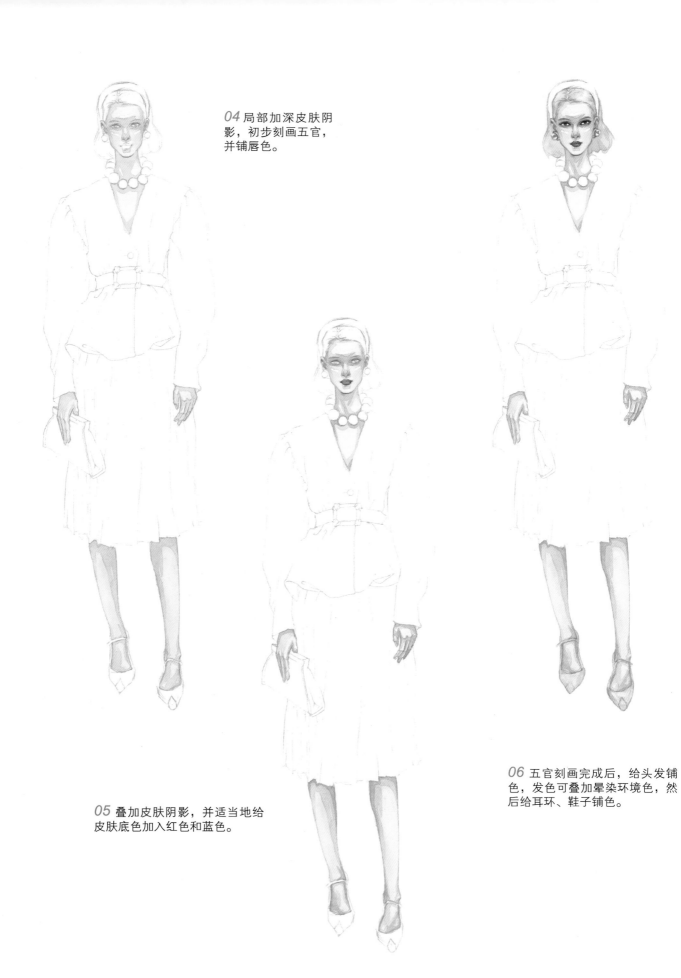

04 局部加深皮肤阴影，初步刻画五官，并铺唇色。

05 叠加皮肤阴影，并适当地给皮肤底色加入红色和蓝色。

06 五官刻画完成后，给头发铺色，发色可叠加晕染环境色，然后给耳环、鞋子铺色。

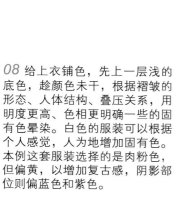

07 深入刻画头发、鞋子，完成配饰的刻画。先给珍珠上一层带有一定色相的水，趁湿叠加重色，多次叠加后完成绘制。

08 给上衣铺色，先上一层浅的底色，趁颜色未干，根据褶皱的形态、人体结构、叠压关系，用明度更高、色相更明确一些的固有色晕染。白色的服装可以根据个人感觉，人为地增加固有色。本例这套服装选择的是肉粉色，但偏黄，以增加复古感，阴影部位则偏蓝色和紫色。

09 刻画上衣，注意叠压部位的明暗关系。

10 刻画裙子，注意叠压部位的明暗关系。

11 给裙子铺色，先上一层浅的底色，趁颜色未干，根据褶皱的形态、人体结构、叠压关系，用明度更高、色相更明确一些的固有色晕染。

12 刻画包包、腰带，之后整体调整，完成绘制。

7.3 ▶▶ 用水彩表现名媛风服装

"名媛"一般是指那些出身名门、有才有貌又经常出入时尚社交场合的美女。能称得上"名媛"的社交宠儿大都有着良好的家世和极高的文化修养。

名媛风格的女装是指那些出席正式场合，但是又有女人味的得体服装。名媛风的穿搭无时无刻不展现着着装者优雅的气质和气场，散发出一种成熟女性的韵味，动人心弦。

7.3.1 名媛风服装的表现

在时尚界，名媛风仿佛成为姑娘们穿着打扮的标杆，无论是气质还是气场，都让人心服口服。华丽但并不炫耀的气质，在低调端庄的外形下，掩藏着精致的工艺与极致的奢华。华丽却不浮夸，典雅却不刻板。

名媛风服装设计并不是单纯地展现服装的精致与奢华，而是要将经典的服装元素与考究的服装细节通过设计进行重塑，恰到好处地进行全新的阐释，最终通过着装者将其优雅的气质展现出来。

01 用长线条勾勒人物的动态，标出人物重心线。

02 用较硬的铅笔轻轻地勾勒出五官和服装，并依据身体体块和动态选择性地勾勒出服装的褶皱。

03 平铺皮肤底色，留出眼白和嘴唇。用黄色加红色再加水，调和出适合的肤色，适当晕染脸部红晕，增加气色，趁湿晕染，以加强脸部的立体感。

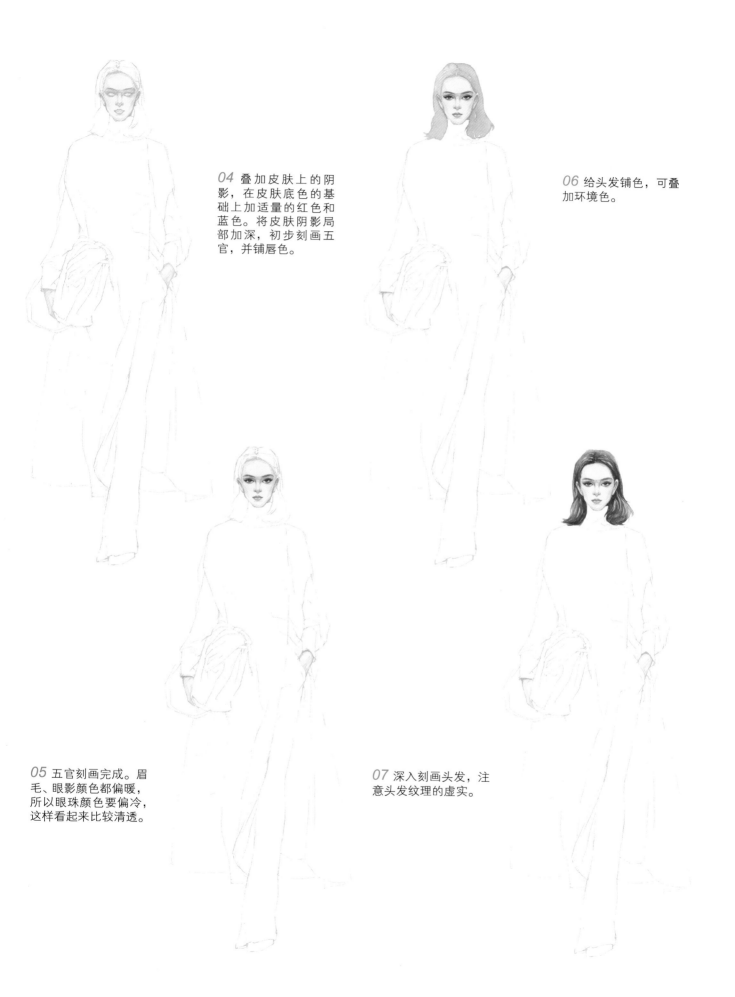

04 叠加皮肤上的阴影，在皮肤底色的基础上加适量的红色和蓝色。将皮肤阴影局部加深，初步刻画五官，并铺唇色。

06 给头发铺色，可叠加环境色。

05 五官刻画完成。眉毛、眼影颜色都偏暖，所以眼珠颜色要偏冷，这样看起来比较清透。

07 深入刻画头发，注意头发纹理的虚实。

08 给上衣铺色，先上一层浅的底色，趁颜色未干，根据褶皱的形态、人体结构、叠压关系用明度更高、色相更明确一些的固有色晕染，可以适当晕染环境色。

10 调整上衣阴影暗部，给裤子铺色，都为粉色系，需要区分色相差别和层次。

09 加深上衣阴影暗部，阴影部位偏蓝色和紫色。

11 刻画裤子，以及上衣的花纹，注意虚实和明暗关系。

12 给袖子、鞋子铺色，
注意区分色相。

13 刻画袖子、鞋子，
并给包包铺底色。

14 刻画包包，并进行
整体调整，完成绘制。

7.4 ▶▶
用水彩表现职场风服装

所谓职场风，即在职业、商务等场合或环境中的着装风格。
与日常穿搭多以随性、舒适、百搭为主的服装风格不同，职场风服装更多地体现在极简、干练、气质和细节上。职场从业人员所穿的服装一般有以下几个特点：款式设计相对简洁大方、剪裁、做工优良，色彩雅致，单品搭配舒适合理，细节丰富。

7.4.1 职场风服装的表现

在现代职场中，虽然西服套装和套裙仍是职场着装的最佳典范，但如今的职场从业人员早已不再拘泥于此，而是开始紧随流行趋势，更加注重新颖的设计、流行的款式、新潮的面料和精致的细节，这一切无不展现着现代职场从业人员的穿衣品位、个人能力和职业素养。

如何正确演绎职场风？

职场装并不意味只能选择职场单品，只要符合职场干练、利落的风格即可。首先，选择廓形，可以选择简洁有廓形的外套；其次，选择颜色，要注重色彩间的相互搭配，色彩决定造型风格；第三，选择面料，具有质感的面料是提升造型品位与格调的关键；最后，穿搭时要注意腰线问题。抬高腰线的穿法，能够帮助人们快速地表现出自己能干的一面。

01 用长线条勾勒人物的动态，标出人物重心线。

02 用较硬的铅笔轻轻地勾勒出五官和服装，并依据身体体块和动态，选择性地勾勒出服装的褶皱。

03 平铺皮肤底色，留出嘴唇。用黄色加红色再加水，调和出适合的肤色，适当晕染脸部红晕，增加气色。

04 叠加皮肤阴影，在皮肤底色的基础上适当地添加红色和蓝色。

05 局部加深皮肤阴影，初步刻画五官，并铺唇色。

06 五官刻画完成后，给头发铺色，发色中可叠加晕染环境色。

07 将头发按组进行深入刻画，注意区分明暗关系。

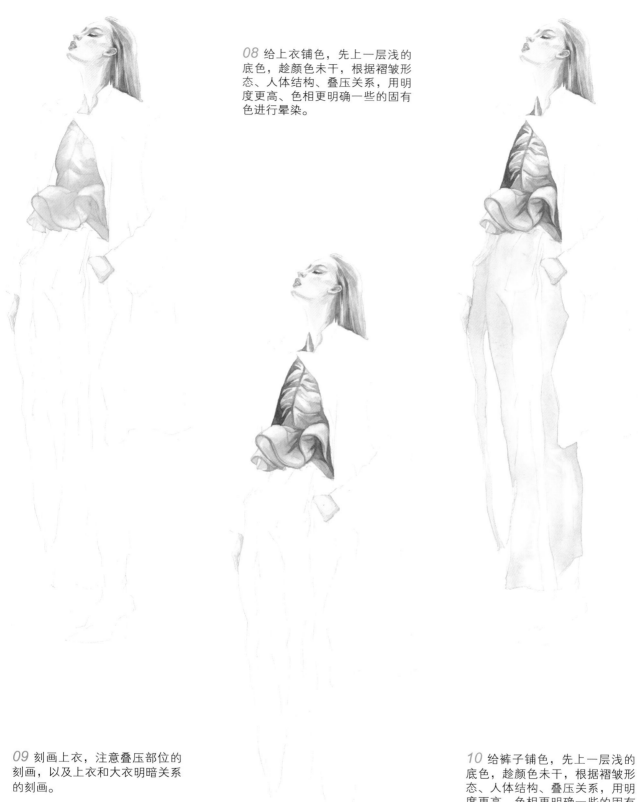

08 给上衣铺色，先上一层浅的底色，趁颜色未干，根据褶皱形态、人体结构、叠压关系，用明度更高、色相更明确一些的固有色进行晕染。

09 刻画上衣，注意叠压部位的刻画，以及上衣和大衣明暗关系的刻画。

10 给裤子铺色，先上一层浅的底色，趁颜色未干，根据褶皱形态、人体结构、叠压关系，用明度更高、色相更明确一些的固有色进行晕染。

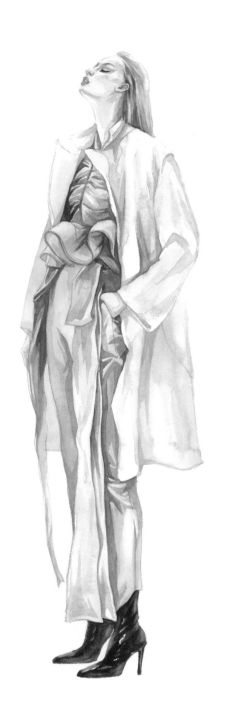

11 刻画裤子，注意叠压部位的明暗关系。

12 深入刻画裤子，注意裤缝线的表现与刻画。给鞋子铺色并深入刻画，注意立体感和虚实关系的表现。

13 塑造外套，对画面整体进行调整，完成绘制。由于这套内搭带有比较烦琐的褶皱，所以外套画法较为简单，一次性趁湿叠加多个颜色，完成晕染。

学院风大多指"常春藤"名校的学生制服风格，当然也是将美国穿衣方式与英国传统穿衣方式糅合的产物。学院风着装并不以独特的款式为标志，基本上都体现在衣服、配件的细节里。

学院风具有年轻的学生气息、青春活力和可爱时尚，是在学生校服的基础上进行改良的衣着风格。时尚圈里盛行的学院风可以让人重温学生时光。时尚圈学院风品牌代表有 Tommy Hilfiger 和 Polo Ralph Lauren。

7.5.1 学院风服装的表现

人们常说的学院风，其实融合了 Ivy 与 Preppy 两个派别。喜欢直来直往的美国人直接将 Ivy League 学生的着装风格命名为 Ivy。无论是 Ivy 还是 Preppy，几乎代表着西方年轻人大面积打破传统的文化形象。一直以来，学院风的着装给人一种温文尔雅、端庄而又不失俏皮的感觉，因为这一风格在常青藤联盟里风行，自然得到了广大年轻人的拥护和喜爱。

要在着装上体现学院风，有些代表性的单品是学院风人士衣橱必不可少的单品。常见的学院风配饰单品有：Polo 衫（马球衫）、Cardigan（开襟羊毛衫）、Blazer（夹克）、Duffel Coat（达夫尔外套）、Pea Coat（水手外套）、Chino（长裤）。

01 用长线条勾勒出人物的动态，标出人物重心线。

02 用笔芯较硬的铅笔轻轻地勾勒出五官和服装，并依据身体体块和动态选择性地勾勒出服装的褶皱。

03 平铺皮肤底色，留出眼白和嘴唇。用黄色加红色再加水，调和出适合的肤色，适当晕染脸部红晕，增加气色，趁湿晕染，以加强脸部立体感。

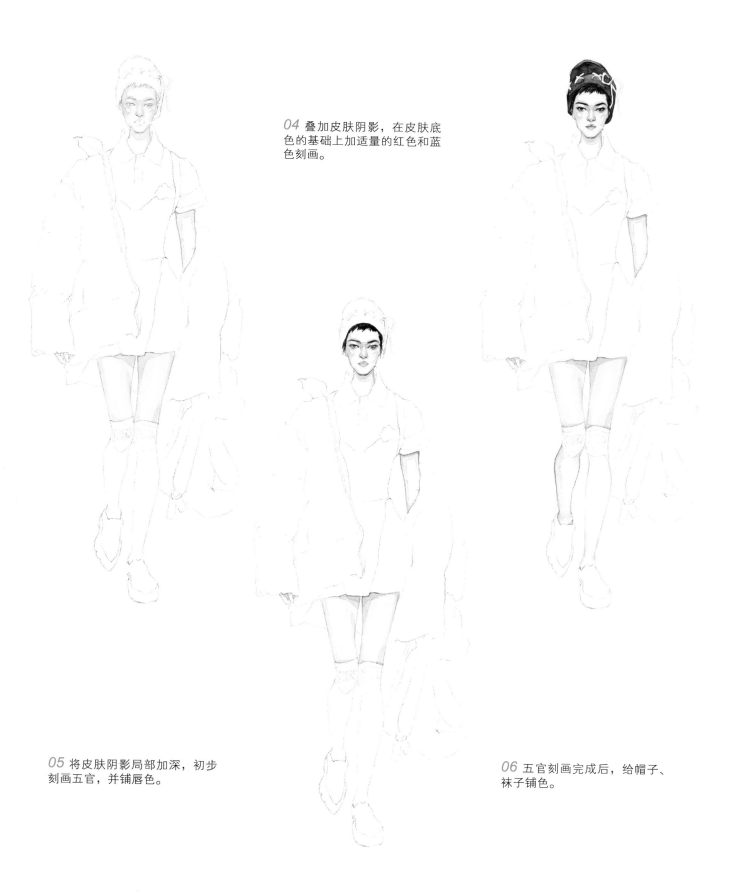

04 叠加皮肤阴影，在皮肤底色的基础上加适量的红色和蓝色刻画。

05 将皮肤阴影局部加深，初步刻画五官，并铺唇色。

06 五官刻画完成后，给帽子、袜子铺色。

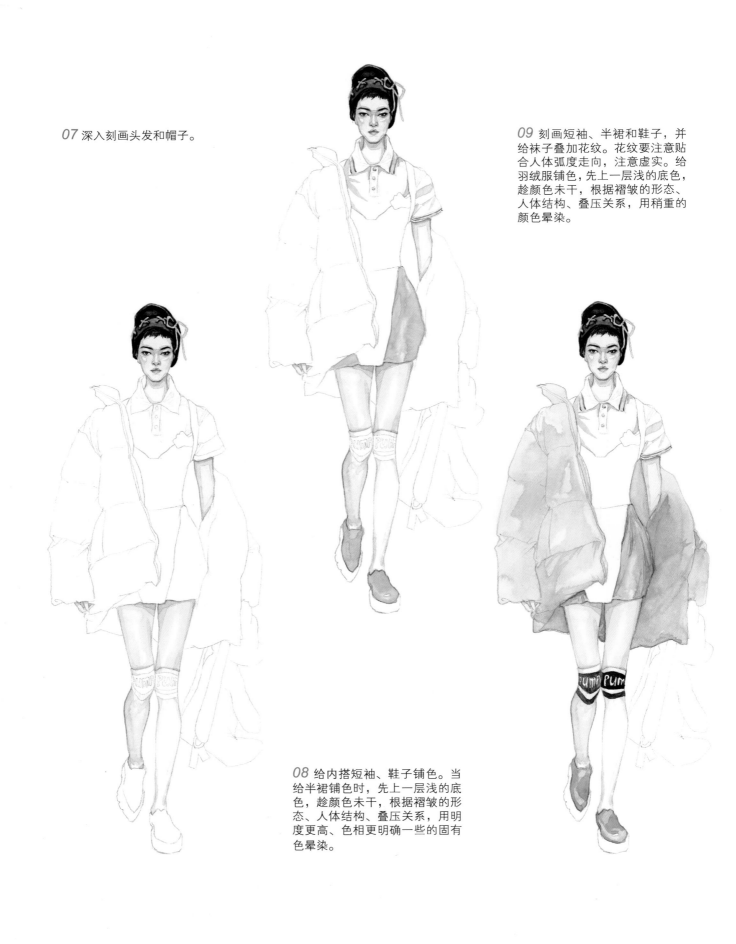

07 深入刻画头发和帽子。

09 刻画短袖、半裙和鞋子，并给袜子叠加花纹。花纹要注意贴合人体弧度走向，注意虚实。给羽绒服铺色，先上一层浅的底色，趁颜色未干，根据褶皱的形态、人体结构、叠压关系，用稍重的颜色晕染。

08 给内搭短袖、鞋子铺色。当给半裙铺色时，先上一层浅的底色，趁颜色未干，根据褶皱的形态、人体结构、叠压关系，用明度更高、色相更明确一些的固有色晕染。

10 刻画羽绒服、鞋子，注意明暗关系和
立体感的表现。

11 给裙身、包包铺色，注意叠压部位的明暗关系，并
留白。全身刻画完成后，整体调整画面，完成绘制。

7.6 用水彩表现运动风服装

从每一季的流行趋势中不难发现，这几年运动风、街头风愈演愈烈，很多品牌都在追求时髦、舒适感。如今，时尚界的运动风并不是指真正运动时穿的服装，只是一种风格，在设计和搭配时利用了一些运动装的特色和元素。

时尚圈运动风品牌代表：Lacoste。

7.6.1 运动风服装的表现

　　虽然时尚界的运动风并不是指真正运动时穿的衣服，体现的是一种风格，但时髦的运动风也不仅仅是简单的休闲搭配。如果想把运动风服装穿得更好看，就必须跳出全身穿着运动服的思维限制，尝试混搭的乐趣。

　　说到日常的运动风服装，人们通常都会想到卫衣、连帽衫、球鞋这样的单品。其实，除此之外，还有很多不同的选择。弹力面料，如近两年常见的针织连衣裙和套装，也很适合营造运动风的感觉。松紧结合的搭配也能很好地体现运动服装的特色，如松身上衣搭配紧身下装、合身短上衣搭配松垮运动裤或者搭配现在很流行的阔腿裤。

　　运动风只是日常穿搭的一种风格表现，选择的服装和真正的运动装备还是会有一些区别的。所以，在真正运动时，建议还是选择专业的服装和配件，因为运动服装的功能性还是很重要的。

01 用长线条勾勒出人物的动态，标出人物重心线。

02 用笔芯较硬的铅笔轻轻地勾勒出五官和服装，并依据身体体块和动态选择性地勾勒出服装的褶皱。

03 平铺皮肤底色，留出眼白和嘴唇。用黄色加红色再加水，调和出适合的肤色，适当晕染脸部红晕，增加气色，趁湿晕染，以加强脸部的立体感。

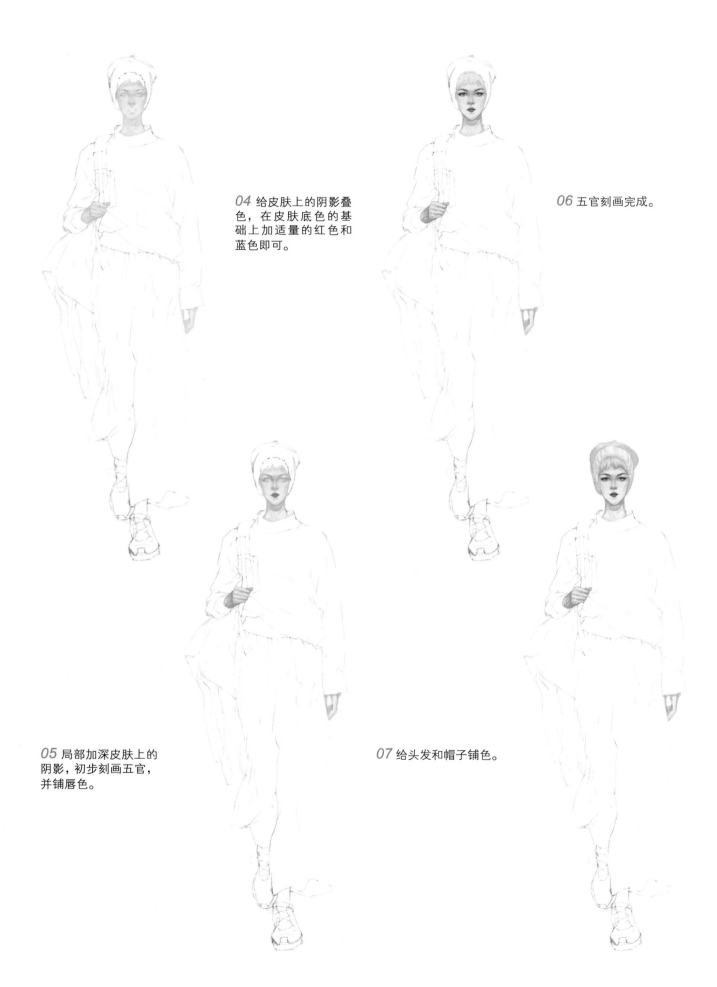

04 给皮肤上的阴影叠
色，在皮肤底色的基
础上加适量的红色和
蓝色即可。

06 五官刻画完成。

05 局部加深皮肤上的
阴影，初步刻画五官，
并铺唇色。

07 给头发和帽子铺色。

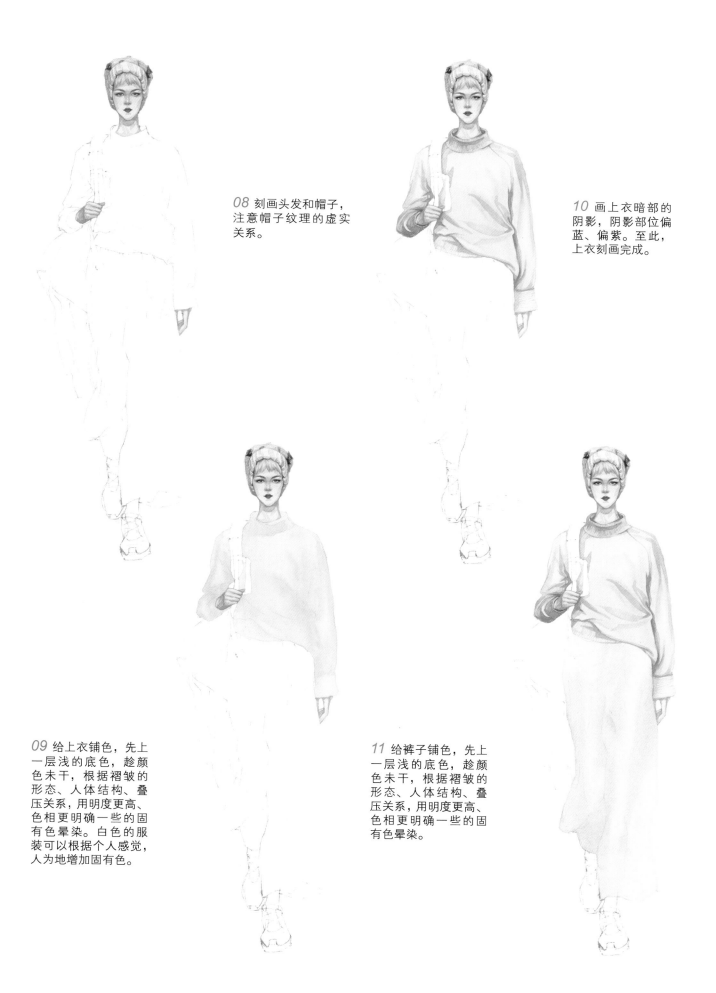

08 刻画头发和帽子，注意帽子纹理的虚实关系。

10 画上衣暗部的阴影，阴影部位偏蓝、偏紫。至此，上衣刻画完成。

09 给上衣铺色，先上一层浅的底色，趁颜色未干，根据褶皱的形态、人体结构、叠压关系，用明度更高、色相更明确一些的固有色晕染。白色的服装可以根据个人感觉，人为地增加固有色。

11 给裤子铺色，先上一层浅的底色，趁颜色未干，根据褶皱的形态、人体结构、叠压关系，用明度更高、色相更明确一些的固有色晕染。

12 给裤子暗部的阴影
上色，人为地使阴影
部位的颜色偏冷。

13 裤子刻画完成。给
包包、鞋子铺色，先
铺一层底色，然后点
一些颜色，让其自由
晕染。

14 鞋子、包包刻画完
成后，整体调整画面。

7.7

用水彩表现休闲风服装

随着生活节奏的加快，人们的着装风格愈加追求轻松、自然、随意、自由和休闲。休闲风正是以视觉与穿着上的轻松、随意、自由和舒适为特色应运而生的，适合多个阶层日常穿着，并能很好地缓解生活节奏过快给人们带来的压力。

7.7.1 混搭休闲风服装的表现

休闲风服装搭配组合的方式多种多样，很多时候有些搭配方式毫无章法，甚至混淆了服装的季节性和功能性，但这种风格却能将自我服装穿搭风格淋漓尽致地展现出来。

休闲风格一般有时尚休闲、运动休闲、职业休闲等类型。时尚休闲服装是在不失休闲特点的前提下，在服装中加入一些流行元素，如流行色彩、面料、装饰与工艺，以此表现出时尚气息。运动休闲是集运动与休闲于一体的着装风格，运动休闲服装既满足了人们户外活动和运动着装的需要，又能满足休闲穿着的需求，是深受各年龄消费群体喜爱的一种服装类型。职业休闲风是在职业装的基础上，追求穿着轻松、随意的一种休闲服装风格，这类风格的服装既有职业装的端庄、稳重感，又具有时尚、轻松、自然的特点，同时让穿着者在严谨的工作环境中可以得到没有约束的着装感受。

01 用长线条勾勒出人物的动态，标出人物重心线。

02 用较硬的铅笔轻轻地勾勒出五官和服装，并依据身体体块和动态选择性地勾勒出服装的褶皱。

03 平铺皮肤底色，留出眼白和嘴唇。用黄色加红色再加水，调和出适合的肤色，并适当晕染脸部红晕，以增加气色。

04 给皮肤上的阴影叠加颜色，在皮肤底色的基础上加适量的红色和蓝色即可。

05 对皮肤上的阴影进行局部加深，初步刻画五官，并铺唇色。

06 五官刻画完成后，给头发铺色，发色可趁湿叠加晕染环境色。

07 按组细致地刻画头发。

08 给上衣铺色，先上一层浅的底色，趁颜色未干，根据褶皱的形态、人体结构、叠压关系，用明度更高、色相更明确一些的固有色晕染。

09 刻画上衣，并叠加花纹。注意，要贴合人体弧度走向画花纹，可以融进阴影里，无须面面俱到。注意叠压部位的明暗关系。

10 给裤子铺色，先上一层浅的底色，趁颜色未干，根据褶皱的形态、人体结构、叠压关系，用明度更高、色相更明确一些的固有色晕染。

11 刻画裙子，注意叠压部位的明暗关系，给留白的图案收形。

12 刻画鞋子、空白环、图案，整体调整画面，完成绘制。

7.8 ▶▶
用水彩表现装饰风服装

装饰艺术是一种重装饰的艺术风格,装饰艺术在服装上的表现形式和表现技能也丰富多彩,可分为平面装饰和立体装饰两大类。平面装饰主要表现在图案组织及装饰色彩的应用上。立体装饰主要通过对材料的再加工,如堆积、抽褶、刺绣、镂空、剪切等手法对服饰造型进行创新设计,从而实现对服装的装饰设计。

7.8.1 艺术装饰风服装的表现

　　时装在任何时间、任何空间和任何地点,都不是单一的艺术形式,它源源不断地从其他艺术品类和领域中汲取灵感。装饰艺术在时装中的运用主要是通过对服装、配饰进行修饰,增加其美感,达到愉悦人心的作用。平面装饰艺术是更容易受到消费者喜爱的艺术形式,同时也最受设计师青睐。平面装饰在服装中主要体现在服装图案和服装色彩两个方面。服装图案为主要的装饰手段,具有很强的形式美感。图案以其独特的装饰性,在现实生活中有着广泛的应用,尤其是在服装设计中,图案以其美化、表意、寄情、点缀、烘托、渲染、创造时尚符号而备受设计师推崇,成为时尚设计的重要工具之一,极大地美化了人们的生活。

01 用长线条勾勒出人物的动态及各部分的比例,标出人物重心线。

02 用笔芯较硬的铅笔轻轻地勾勒出五官和服装,并依据身体体块和动态选择性地勾勒出服装的褶皱。

03 平铺皮肤底色，留出眼白和嘴唇。用
黄色加红色再加水，调和出适合的肤色，
适当晕染脸部红晕，增加气色，趁湿晕染，
以增强脸部的立体感。

04 为皮肤上的阴影叠加颜色，在皮肤底
色的基础上加适量的红色和蓝色。

05 局部加深皮肤上的阴影，初步刻画
五官，并铺唇色。

06 为帽子和首饰铺色，可适当晕染环
境色。

07 刻画头发和首饰。

08 晕染背景，在需要留白的位置刷一层水，颜料触及水的边缘会自动晕染渐变，可人为控制形状和方向。背景可叠加其他颜色进行晕染，由外向内同时塑造衣服上的阴影和褶皱，注意明暗和虚实的表现。

09 调整上衣，为束腰铺色。

10 刻画束腰。因为上衣和背景都比较简单，所以刻画束腰时要比较精细。

11 用浅蓝色捎带着画出衣服下摆，注意虚实，不要抢画面主体的表现，渐渐弱化。